EXPLICATION

DE LA

CARTE GÉOLOGIQUE

DES DEUX CANTONS (NORD ET SUD)

DE MACON

Par Adrien ARCELIN

Secrétaire perpétuel de l'Académie de Mâcon, membre de la Société
géologique de France.

Extrait des *Annales* de l'Académie de Mâcon.

Tiré à 150 exemplaires.

MACON | PARIS

IMPRIMERIE PROTAT FRÈRES | F. Savy, libraire de la Société
géologique de France,

1, Rue de la Barre, 1 | 77, Boulevard Saint-Germain, 77

1881.

EXPLICATION

DE LA

CARTE GÉOLOGIQUE

DES DEUX CANTONS DE MACON

EXPLICATION

DE LA

CARTE GÉOLOGIQUE

DES DEUX CANTONS (NORD ET SUD)

DE MACON

PAR ADRIEN ARCELIN

Secrétaire perpétuel de l'Académie de Mâcon, membre de la Société
géologique de France.

MACON
IMPRIMERIE PROTAT FRÈRES
1, Rue de la Barre, 1

PARIS
F. SAVY, libraire de la Société
géologique de France,
77, Boulevard Saint-Germain, 77

1881

EXPLICATION

DE

LA CARTE GÉOLOGIQUE

DES DEUX CANTONS DE MACON

(NORD ET SUD)

AVANT-PROPOS

> Ille terrarum mihi, præter omnes
> Angulus ridet.
>
> HORACE, Odes, II, 4.

La petite région qui fait l'objet de ce travail est comprise entre 2° 19' et 2° 33' de longitude est et 46° 24' et 46° 16' de latitude nord. Elle affecte à peu près la forme d'un quadrilatère. La Saône, de l'embouchure de la Mouge à la limite méridionale de la commune de Varennes (*en Arbigny*), forme l'un des côtés (19,500 ^{m}). Un autre côté serait figuré par une ligne allant de l'embouchure de la Mouge à la pointe nord de la commune de Sologny (17,750 ^{m}). Le troisième côté est représenté par la ligne qui joindrait la pointe nord de Sologny à la pointe sud de Vergisson (12,500 ^{m}), et enfin le dernier côté irait de ce point à la Saône (9,600 ^{m}).

La superficie cadastrale est de 17,906 hectares et comprend 27 communes.

Le but que je me suis proposé est tout simplement de décrire la constitution géologique des environs de Mâcon, de résumer, sous une forme intelligible pour tout le monde, les travaux dont ils ont été l'objet ; de coordonner ces travaux et de les compléter sur quelques points essentiels. C'est un mémoire purement descriptif dont j'ai éliminé les dissertations trop spéciales que je réserve pour en faire l'objet de notes plus détaillées. La paléontologie , par exemple, y est réduite au strict nécessaire , c'est-à-dire aux espèces caractéristiques de chaque zone. Toute sommaire qu'elle est , cette description méthodique sera , je l'espère, un complément utile des collections géologiques locales en voie de formation au musée de Mâcon et pourra servir de point de départ pour des études géologiques et paléontologiques plus étendues. Elle s'adresse à tous ceux qui ont un intérêt quelconque, scientifique, industriel ou agricole, à connaître et à distinguer les différents terrains qui entrent dans la composition du sol mâconnais. On y trouvera donc à la fois les renseignements théoriques et pratiques que comporte le sujet.

Les premiers chapitres d'une monographie géologique sont ordinairement consacrés à la description topographique de la région. Mais il m'a semblé plus logique de suivre l'enchaînement naturel des faits et d'adopter ce qu'on pourrait appeler l'ordre historique.

Nous étudierons d'abord, suivant leur ordre naturel de formation, en commençant par les plus anciens, les différents systèmes de roches et de terrains particuliers au Mâconnais.

Ils appartiennent à deux grandes classes qu'on désigne sous les noms de terrains stratifiés et de terrains massifs ou éruptifs.

On appelle terrains stratifiés des terrains formés de couches ou de feuillets superposés, comme il s'en produit au fond des mers, des lacs ou des rivières. La plus grande partie de nos roches appartient à cette catégorie, comme l'indiquent les nombreuses coquilles fossiles d'origine marine qu'elles renferment.

Les terrains massifs n'offrent pas d'apparence de stratification et leur structure est généralement cristalline. Ils sont le résultat de réactions chimiques d'un tout autre ordre que celles qui ont présidé à la formation des terrains stratifiés fossilifères. Elaborés à de grandes profondeurs, sous l'action de la chaleur intérieure du globe, ils se sont fait jour à différentes reprises à travers les terrains sédimentaires qu'ils traversent en filons. Ce sont des roches éruptives et azoïques, c'est-à-dire dépourvues de fossiles.

Les roches dites *métamorphiques* forment un intermédiaire entre les deux. Elles résultent de l'action réciproque des roches éruptives et stratifiées les unes sur les autres. A l'exception de quelques salbandes de filons, nous en avons peu d'exemples dans la contrée.

Si aucune perturbation ne s'était accomplie depuis que ces formations successives se sont opérées, les couches les plus récentes recouvrant les plus anciennes seraient seules visibles et les autres ne pourraient nous être connues que par le moyen de sondages.

Mais les choses ne se passent généralement point ainsi dans la nature.

On observe rarement les strates anciennes dans leur position horizontale primitive. Des brisures se sont produites à plusieurs époques, dans l'écorce de la terre, par suite du retrait résultant de son refroidissement. Les fragments déterminés par ces brisures, devant se loger dans un moindre espace, subirent des refoulements latéraux et des mouvements de bascule qui eurent pour résultat de faire apparaître à la surface les couches les plus profondes. En sorte que les terrains se montrent actuellement soit par leur plat, soit par leur tranche, pour employer des expressions qui s'appliquent à un livre composé de feuillets, comme l'écorce terrestre.

Les géologues appellent *failles* ces brisures accompagnées de dislocation qui interrompent l'ordre régulier des couches géologiques.

La petite région qui nous occupe est sillonnée par un grand nombre de failles dont les principales, au nombre de quatre, sont dirigées du sud-ouest au nord-est. J'aurai l'occasion de les décrire en leur lieu (ch. xvii, 3). Il nous suffira de dire pour le moment que, grâce à ces failles, on voit apparaître à la surface la série complète des zones successives dont se compose notre sol. C'est ce dont il est facile de juger en jetant un coup d'œil sur la carte où la variété des teintes indique la diversité des terrains. On verra aussi que, par l'effet des failles, cette série se reproduit quatre fois plus ou moins complètement de l'est à l'ouest, de façon à donner naissance à quatre petits chaînons ou lignes de sommets, dirigés, comme les failles, du sud-ouest au nord-est (ch. xix). Le premier chaînon est compris entre les failles I et II ; le deuxième entre les failles II et III ; le troisième entre les failles III et IV, et enfin le quatrième entre la faille IV et la Saône. (Voir les coupes.)

Nous décrirons donc d'abord les terrains du Mâconnais tels qu'ils se sont formés primitivement au fond des mers et dans leur ordre stratigraphique. Nous verrons les terrains dévonien et carbonifère, puis les divers horizons du trias former des affleurements importants. La série jurassique se développe ensuite d'une façon complète. Elle abonde en formations côtières et littorales riches en fossiles. L'argile à silex représente pour nous l'époque tertiaire et en même temps le terrain crétacé qui a fourni une partie de ses matériaux. De puissantes alluvions quaternaires, des gisements classiques, comme celui de Solutré, et les formations modernes de la vallée de la Saône si intéressantes au point de vue de leur stratigraphie, complètent ce vaste ensemble de terrains sédimentaires au milieu desquels on voit pointer çà et là les roches massives cristallines sur lesquelles il repose ou qui l'ont traversé. Il y a peu de régions aussi variées sur un si petit espace.

Deux fois les mouvements de l'écorce terrestre vinrent troubler la régularité de nos dépôts sédimentaires. Une première fois à la fin de l'époque carbonifère, marquée par des phénomènes éruptifs d'une grande puissance ; puis, longtemps après, à l'époque éocène.. L'étage jurassique tout entier s'est formé durant une longue période de calme, pendant laquelle il ne se produisit que des oscillations lentes, qui n'amenèrent pas de dislocations. Jusque-là notre contrée ne cessa de faire partie de la zone marine littorale qui bordait, à l'est, le plateau central. A l'époque éocène, elle acquit à peu près son relief actuel et fut définitivement émergée.

Ce n'est qu'après avoir parlé des grandes failles qui se produisirent à cette époque (ch. xvii, 3), que nous aborderons les descriptions topographiques. Les phénomènes de cet ordre ne peuvent, en effet, s'expliquer que par le mécanisme des failles dont ils procèdent (ch. xix).

Les différentes zones géologiques offrent plus ou moins de résistance aux actions destructives des agents atmosphériques. Les unes sont constituées par des roches compactes et peu altérables ; d'autres se présentent sous la forme de marnes, de grès, de sables, de calcaires feuilletés, de schistes fendillés, dont la désagrégation s'opère tous les jours sous nos yeux. Les unes ont subi des érosions profondes ; les autres ont résisté plus énergiquement. De grands courants marins, dont il sera question plus loin (ch. xvii, 4), ayant exercé leur action puissante sur la contrée après sa dislocation par les failles, ont profondément érodé sa surface et creusé des sillons correspondant aux couches les moins résistantes. Ces sillons sont disposés en séries longitudinales dirigées nord-ouest sud-est, comme les failles. Les affleurements des roches compactes forment, au contraire, des sommets alignés dans la même direction que les vallées.

Il en résulte une grande diversité dans la composition du sol, dans les accidents de son relief, dans le régime des eaux et, par conséquent, dans la distribution des cultures et dans la répartition des richesses industrielles.

La qualité des terres arables dépend naturellement des terrains qui les ont engendrées par leur décomposition superficielle. A propos de chaque zone géologique, nous aurons donc à parler de la zone agricole correspondante. Puis, comme la majeure partie des terres végétales est le résultat d'alluvions ou de désagrégations du sol sur place, pendant l'époque quaternaire et les temps modernes, nous résumerons, à la suite des chapitres traitant de ces deux périodes, les faits généraux intéressant la géologie agricole (ch. xxiii).

Nous résumerons également, dans un chapitre spécial, ce qui aura été dit de l'emploi industriel des roches et des ressources que présentent sous ce rapport les deux cantons de Mâcon (ch. xxiv).

Enfin, pour faciliter les recherches au point de vue des besoins et des intérêts locaux, nous consacrerons la dernière partie de notre travail à une description géologique par commune (ch. xxv-l). Nous y ferons entrer les faits particuliers qui n'auront pas trouvé place dans l'exposé général.

J'ai cru devoir adopter pour la carte l'échelle du quarante

millième, afin d'en rendre la lecture plus claire. Je regrette
de n'avoir pu y faire figurer les indications du relief. Les
cotes d'altitude y suppléeront dans une certaine mesure et,
d'ailleurs, il sera toujours facile, en s'aidant de la planimétrie, de se reporter à la carte de l'état-major [1]. Je me fais un
plaisir d'adresser, ici, mes remerciements à M. Luc, agent
voyer en chef du département, qui a bien voulu mettre à ma
disposition les documents topographiques établis pour les
besoins de son service, et d'après lesquels la planimétrie
de la carte a été dressée.

Tous les détails géologiques ont été minutieusement
relevés sur le terrain. Mais d'excellents travaux m'ont guidé
dans cette opération.

Un devoir de gratitude m'oblige à citer en première ligne
les importantes recherches de MM. Berthaud et de Ferry,
qui furent mes premiers maîtres, qui ont dirigé mes premières explorations et dont les publications ont singulière-
ment simplifié ma tâche en me donnant la clef de la géologie
mâconnaise.

Sur un certain nombre de points, j'ai dû me séparer de
mes devanciers. Mais je n'ai pas cherché à faire ressortir
ces divergences. Ceci n'est pas une œuvre de polémique,
mais un exposé de faits qui parlent assez d'eux-mêmes. J'ai
dû aborder aussi des questions qui n'avaient pas encore été
traitées pour notre région, et, par exemple, les chapitres
relatifs aux époques tertiaire et quaternaire renferment des
aperçus nouveaux que les progrès récents des études et des
observations inédites ont tout naturellement provoqués. Sur
ce terrain encore, j'ai eu un excellent auxiliaire, et je suis
heureux de remercier M. l'abbé Ducrost de l'obligeance avec
laquelle il m'a fait souvent profiter de ses observations per-

---

[1] J'ai déposé au musée de Mâcon, pour être mise à la disposition
du public, une transcription de ma carte sur la carte de l'état-major.

sonnelles. Enfin, je suis redevable à M. Michel Lévy de notions très précieuses sur nos roches éruptives, qu'il a bien voulu examiner pour moi dans son laboratoire et que j'ai eu la bonne fortune d'étudier avec lui sur le terrain, pendant l'été de 1880.

On trouvera plus loin la liste bibliographique des ouvrages traitant plus ou moins directement de la géologie mâconnaise. Elle est longue déjà, mais il s'en faut que le sujet soit épuisé. On pourra tourner longtemps les feuillets du livre de la nature sans en voir la fin. La science humaine parvient sans doute à saisir quelques-unes des grandes lignes du plan providentiel ; mais d'impénétrables mystères se dresseront toujours à l'horizon pour marquer à l'homme les limites de son savoir et faire éclater son admiration pour le Créateur. Ce côté, profondément philosophique et religieux de nos belles études, n'est pas un des moindres attraits qu'elles présentent aux esprits studieux. Le plus petit rayon de l'éternelle Vérité, clairement entrevu, est certainement une des plus grandes jouissances morales qui soient données à l'homme en récompense de ses efforts.

Adrien ARCELIN.

BIBLIOGRAPHIE

Adrien ARCELIN. — *Études d'archéologie préhistorique. — La Chronologie préhistorique d'après les berges de la Saône. — Les Silex de Volgu. — La Question anthropologique à Solutré.* Paris, Reinwald, 1875, in-8. (Extrait des *Annales de l'Académie de Mâcon.*)

Adrien ARCELIN. — *Les Formations tertiaires et quaternaires des environs de Mâcon. — L'Argile à silex. — L'Époque glaciaire. — L'Érosion des vallées. — L'Ancienneté de l'homme.* Paris, Savy, 1877. (Extr. des *Annales de l'Académie de Mâcon.*)

BERTHAUD et TOMBECK. — *Note sur les terrains des environs de Mâcon* (dans *Bullet. de la Soc. géologique de France*, 2° série, t. X, p. 269, séance du 7 février 1853.)

BERTHAUD. — *Thèse pour le doctorat ès sciences. — Description géologique du Mâconnais.* Paris, 1869, in-4.

BERTHAUD. — *Description géologique du Mâconnais*, livraisons 1 et 2. Paris, Savy, 1871, in-8.

BENOÎT. — *Note sur l'identité du terrain sidérolithique dans la Bresse, le pourtour du plateau central et le Jura oriental.* (*Bullet. de la Soc. géologique*, 2° série, t. XXVI, p. 439.)

DUCROST (L'abbé) et le Dr LORTET. — *Études sur la station préhistorique de Solutré.* (Dans *Archives du Muséum d'histoire naturelle de Lyon*, t. 1, première livraison.) Lyon, Georg, 1872, in-4.

DUCROST (L'abbé) et le Dr LORTET. — *Note sur un dépôt de lehm à Solutré, avec ossements quaternaires et silex taillés.* (Dans *Annales de l'Académie de Mâcon*, t. XIII, p. 8.) 1876.

DUFRÉNOY et ÉLIE DE BEAUMONT. — *Explication de la carte géologique de France*, 1 vol. in-4, 1841.

EBRAY. — *Note sur la composition du sol des environs de Mâcon, et calcul des dénudations qui se sont opérées dans cette contrée.* (Extr. du *Bullet. de la Soc. géolog. de France*, 2ᵉ série, t. XVII, p. 507.)

EBRAY. — *Stratigraphie du système oolithique inférieur des environs de Tournus et d'une partie du département de la Côte-d'Or.* (Extr. du *Bullet. de la Soc. géolog.*, 2ᵉ série, t. XIX, p. 30.)

EBRAY. — *Sur la position des calcaires caverneux autour du plateau central.* (Extr. du *Bullet. de la Soc. géolog.*, 2ᵉ série, t. XX., p. 161.)

FALSAN. — *Note sur l'argile à silex des environs de Mâcon et de - Chalon.* Chalon-sur-Saône, 1878, in-4. (Extr. des *Mémoires de la Soc. d'histoire naturelle de Saône-et-Loire.*)

FALSAN et CHANTRE. — *Monographie géologique des anciens glaciers et du terrain erratique de la partie moyenne du bassin du Rhône*, 2 vol. in-8, avec atlas. Lyon, 1880.

H. DE FERRY. — *Mémoire sur le groupe oolithique inférieur des environs de Mâcon.* Caen, 1860, in-4. (Extr. du 12ᵉ vol. des *Mémoires de la Soc. linnéenne de Normandie.*)

H. DE FERRY. — *Note sur les crustacés et les spongitaires de la base de l'étage bathonien des environs de Mâcon.* Caen, 1865, in-4. (Extr. du 9ᵉ vol. du *Bullet. de la Soc. linnéenne de Normandie.*)

H. DE FERRY et A. ARCELIN. — *L'Age du renne en Mâconnais. — Mémoire sur la station du Crot du Charnier, à Solutré.* Mâcon, in-8. (Extr. des *Annales de l'Académie de Mâcon.*)

H. DE FERRY et A. ARCELIN. — *Polypiers nouveaux ou peu connus.* (Extr. des *Annales de l'Académie de Mâcon.*) 1869, in-8.

H. DE FERRY et A. ARCELIN. — *Le Mâconnais préhistorique. — Mémoire sur les âges de la pierre, du bronze et du fer, en Mâconnais, avec notes, additions et appendices, par A. Arcelin, accompagné d'un supplément anthropologique, par le Dʳ Pruner-Bey.* Paris, Reinwald, 1870, 1 vol. in-4, avec atlas de 42 pl.

F.-L. DE LAMARTINE. — *Essai sur la géologie et la minéralogie du Mâconnais.* (Compte rendu dans le *Bullet. de l'Académie de Mâcon*, année 1824.) Mâcon, 1825, in-8.

A. Locard. — *Description de la faune malacologique des terrains quaternaires des environs de Lyon*, 1 vol. in-8, 1879.

A. Locard. — *Nouvelles recherches sur les argiles lacustres des terrains quaternaires des environs de Lyon*. Lyon, Georg, 1880.

Dr Lortet et Chantre. — *Études paléontologiques sur le bassin du Rhône*. (Dans *Archives du Museum d'histoire naturelle de Lyon*, t. I, livr. 2-4.) 1873-75.

Manès. — *Statistique minéralogique, géologique et minéralurgique du département de Saône-et-Loire*. Mâcon, 1847, 1 vol. in-8, avec carte.

Rozet. — *Essai sur les montagnes qui séparent la Saône de la Loire*. (Dans *Mém. de la Soc. géolog. de France*, 1re série.) 1840.

Tardy. — *Ancienneté des diverses civilisations*. (*Annales de l'Académie de Mâcon*, 2e série, t. I, p. 381.) 1878.

Tardy. — *Aperçu sur la région du sud-est du bassin de la Saône*. (*Bullet. de la Soc. géolog.*, 3e série, t. V, p. 698.)

Tardy. — *L'Age des civilisations d'après les alluvions de la Saône*. (*Bullet. de la Soc. géolog.*, 3e série, t. VI, p. 148.)

Tardy. — *Essai sur l'âge des silex taillés de Saint-Acheul, et sur la classification de l'époque quaternaire*. (*Bullet. de la Soc. géolog.*, 3e série, t. VI, p. 401.)

Tardy. — *Essai sur les oscillations des époques miocène, pliocène et quaternaire*. (*Bullet. de la Soc. géolog.*, 3e série, t. VI, p. 416.)

Tardy. — *Deuxième note sur le chronomètre de la Saône*. (*Bullet. de la Soc. géolog.*, 3e série, t. VII, p. 514.)

Thiollière. — *Notes insérées dans les Annales de la Soc. d'hist. naturelle de Lyon*. (Séances du 26 mars 1847 et du 8 août 1849.)

Tombeck. — *Sur le corallien de Lévigny, près Mâcon*. (Dans *Bullet. de la Soc. géolog.*, 3e série, t. IV, p. 556.)

Tournouer. — *Sur les terrains tertiaires de la vallée supérieure de la Saône*. (Dans *Bullet. de la Soc. géolog.*, 2e série, t. XXIII, p. 769; séance du 25 juin 1866.)

LE PAYSAGE JURASSIQUE EN MACONNAIS

La Roche de Vergisson.

Calcaire à polypiers.
— à entroques.
Lias supérieur.
— moyen.

Le Mont-Blanc.

Le Jura.

La colline de Charnay. (Bajocien et bathonien.)

Davayé. (Oxfordien et bathonien.) Saint-Léger. (Trias et carbonifère.)

Village de Vergisson.

Sinémurien, infra-lias et rhætien.

En premier plan : Marnes irisées et arkoses du trias.

La Bresse.

La Roche de Solutré.

Calcaire à polypiers.
— à entroques.
Lias supérieur,
— moyen.

DESCRIPTION DES TERRAINS

TERRAINS MASSIFS AZOÏQUES

I.

ROCHES CRISTALLINES.

Les roches cristallines tiennent peu de place dans la région qui nous occupe et leur étude ne pourrait être traitée complètement qu'à la condition de la rattacher à celle des grands massifs cristallins qui se développent à l'ouest du Mâconnais[1].

Les limites que je m'étais tracées ne me permettaient pas d'entrer dans cette voie. Aussi avais-je teinté d'une couleur uniforme toutes nos roches cristallines d'origine éruptive.

Néanmoins, l'extrême obligeance de M. Michel Lévy me permet de combler aujourd'hui cette lacune. Mon savant

[1] Si l'on suivait un ordre chronologique rigoureux, l'étude géologique des environs de Mâcon devrait commencer par l'examen des formations qui font l'objet des chapitres II et III, c'est-à-dire des terrains paléozoïques ou de transition (dévonien et carbonifère) qui sont ce que nous avons de plus ancien.

Les roches cristallines éruptives dont nous allons nous occuper sont en effet postérieures à ces terrains en ce sens qu'elles ont fait éruption au dehors, par les fissures du sol, soit pendant l'époque dévonienne, soit à la fin de l'époque carbonifère.

Mais, pour plus de clarté et pour ne pas interrompre ensuite la description de la série sédimentaire, j'ai cru devoir consacrer ce premier chapitre aux roches éruptives. Il sera nécessaire, pour comprendre leur relation avec les terrains sédimentaires, de se reporter aux chapitres qui suivent. (Chap. II, III et IV.)

confrère, ayant bien voulu examiner au microscope les échantillons de nos roches, que je lui avais envoyés, et m'associer aux explorations qu'il vient de faire en Mâconnais, je puis, grâce à son concours si autorisé, entrer dans quelques détails et suppléer aux lacunes de la carte.

Nos roches cristallines se divisent, d'après M. Michel Lévy, en deux classes principales :

1° Les roches éruptives proprement dites ;

2° Les roches tuffacées.

Nous allons passer rapidement en revue les différents types que nous offrent ces deux groupes. Je n'ai pas la prétention de les décrire : je me contenterai de donner les caractères empiriques qui peuvent servir à les reconnaître à l'œil nu.

1. — Roches éruptives proprement dites.

A l'exception du granite, elles pénètrent toutes en filon à travers nos terrains stratifiés les plus anciens (dévonien et carbonifère) ou s'y épanchent en nappes interstratifiées.

Elles appartiennent aux espèces qui suivent :

    a. Granite.

    b. Granulite.

    c. Micro-granulite.

    d. Porphyre noir.

    e. Diorite.

    f. Minette.

a. GRANITE. — Roche grenue formée d'un aggrégat de quartz, de feldspath et de mica, sans ciment apparent. Le quartz est de cristallisation récente par rapport au feldspath sur lequel il s'est moulé irrégulièrement.

Le granite est rare dans la région. Il ne forme qu'une bande assez étroite entre Sologny et Pierreclos. En suivant le petit chemin qui monte de Sologny (*en Pommier*) au sommet 496 (*le Buchet*), on le voit en contact soit avec les tufs, soit avec le trias qui le recouvrent. A mi-coteau, on peut observer un dyke de porphyre noir qui le pénètre.

b. GRANULITE. — Roche grenue formée d'un aggrégat à petits éléments de quartz, de feldspath et de mica blanc souvent accompagnés de tourmaline. Elle traverse en filons le granite et la base de la grauwacke.

c. MICRO-GRANULITE. — (Porphyre quartzifère.) Roche porphyrique à pâte plus ou moins abondante, parsemée de cristaux de quartz, de feldspath et de mica. L'orthose s'y montre en grands cristaux, généralement usés ou brisés. Le quartz est en cristaux bipyramidés, souvent émoussés sur les angles.

Dans le premier chaînon [1], à Sologny, la micro-granulite traverse les tufs en filons, en avant des hauts plateaux qui forment la ligne de séparation entre la vallée de la grande Grosne et celle de la Saône (*la Roche; en Pommier*).

Dans le deuxième chaînon, elle forme les sommets à l'O. de Solutré et de Vergisson; puis on la retrouve à Bussières, Milly, Berzé-la-Ville et à *Vaux-Verzé*, N.-O., le long de la route de Cluny.

Dans la troisième chaîne, on la voit traverser en filons la grauwacke et les schistes, à Fuissé. Puis elle apparaît à *Nancelles*, sous le trias.

Ces filons de micro-granulite sont tous orientés S.-E.-N.-O.

Nos micro-granulites ont éprouvé, au contact des roches qu'elles traversent, de nombreuses modifications qui en rendent l'aspect extrêmement variable.

---

[1] Voir à l'avant-propos et aussi chap. XVIII en quoi consistent les systèmes orographiques que je désigne sous le nom de chaînons. Voir aussi les coupes.

Tantôt c'est une belle roche compacte, quartzifère, rougeâtre ou grisâtre, comme à Vergisson, O. Tantôt le quartz y devenant rare et le mica abondant, elle tombe en décomposition kaolinique et en arène, comme à Berzé-la-Ville.

On la voit, à Fuissé, au contact des schistes, prendre une coloration noire et englober de nombreux débris de schistes carbonifères.

Dans le voisinage de la faille de *Nancelles* (voir ch. XVII), elle s'est imprégnée de silice. C'est une roche grise, gris rose, rouge ou jaunâtre, parsemée de cristaux d'oligoclase en décomposition kaolinique et de quartz plus ou moins abondant. On y aperçoit quelques cristaux d'orthose rose non altérés et des amas de talc verdâtre résultant de la décomposition du mica.

A *Vaux-Verzé*, N.-O., sur la route de Cluny, la microgranulite est formée d'une pâte fondamentale rouge brique très abondante, parsemée de petits grains de quartz bipyramidés, de rares cristaux de feldspath et de mica plus rare encore.

A Berzé-la-Ville, sur la route de Cluny, on voit des zones surmicacées prendre l'aspect d'une minette.

d. Porphyre noir. — C'est une belle roche à mica noir à pâte noire ou bruné parsemée de cristaux de feldspath blancs ou roses. J'ai cité plus haut un dyke de porphyre noir dans le granite de Sologny. Il forme plusieurs pointements sur les sommets à l'ouest de cette localité (*la Roche; le Bois-Clair*).

Je dois ajouter qu'entre le porphyre noir type et ce que je désignerai plus loin sous le nom de tufs de porphyre noir, les transitions sont insensibles.

e. Diorite. — Formée d'un aggrégat grenu d'amphibole verte ou noirâtre (hornblende) et d'oligoclase ou de labrador blancs, traversé par des filonnets d'épidote verdâtre.

La diorite passe en filons à travers la grauwacke, à Fuissé (lieu dit *les Rontés*), et s'y répand en nappes interstratifiées (Fuissé, chemin du *Mollard-Galli* ; route de Loché).

f. MINETTE. — Pâte d'orthose semée abondamment de lamelles de mica. Je crois en avoir retrouvé des débris dans les déblais du tunnel du *Bois-Clair* ; mais ces échantillons peuvent provenir d'une modification de la micro-granulite comme celle que j'ai mentionnée à Berzé-la-Ville, et non de véritables filons de minette.

2. — Roches tuffacées.

Ces roches, d'origine éruptive comme les précédentes, ont l'aspect du porphyre dont elles renferment tous les éléments reliés par une pâte feldspathique ou calcédonieuse. Mais elles sont plus scoriacées que nos porphyres francs et leurs éléments cristallins ont subi une trituration caractéristique. Elles représentent en partie les porphyres granitoïdes de M. Grüner et les roches métamorphiques de M. Fournet.

On les voit s'étendre en nappes par dessus les terrains carbonifères et couvrir, dans notre voisinage, des surfaces très vastes.

La classification de ces tufs offre de très grandes difficultés à cause des passages insensibles d'un type à un autre. Cependant M. Michel Lévy y reconnaît au moins deux types principaux se rattachant soit aux micro-granulites soit aux porphyres noirs.

Ils présentent trois variétés principales :

a. — L'une, la plus développée, est à pâte compacte peu altérable, d'une coloration grisâtre, parsemée de petits cristaux brisés de quartz et de feldspath. Le mica y est tantôt en lamelles hexagonales, tantôt en petits fragments fibreux. Cette variété forme la majeure partie du chaînon compris entre *la Mère-Boitier* et *le Bois-Clair*.

b. — L'autre, qui passe au porphyre noir, constitue une très belle roche plus dure, à pâte compacte aussi, brune, parsemée de plus grands cristaux où domine l'orthose rougeâtre ou rose, très peu micacée. Elle est bien développée au *Bois-Clair* et vers Sologny (*la Roche*). Polie, elle ferait une magnifique roche d'ornement.

c. — Enfin nos tufs présentent une variété acide, à pâte calcédonieuse, grise, brune ou noire, très dure, très inaltérable, plus ou moins homogène ou mouchetée de petits et rares cristaux de quartz, de feldspath et de mica, et quelquefois de pyrite. Cette variété, qui se relie franchement aux porphyres noirs, forme les points culminants à l'ouest de Sologny (*Tour Vayon*, sommets 588, 609, 599 ; *le Télégraphe*). On la retrouve à Fuissé, E. (*Pierre-l'Autel*).

A la colline de Fuissé (*Sur-les-Moulins*), on voit un tuf voisin de la variété *a* recouvrir les poudingues carbonifères. A la base, il est schisteux, micacé et parfois fossilifère. A la partie supérieure, il se désagrège facilement en arène et peut être mis en culture. On voit alors le tuf de la variété *c* s'en séparer sous la forme de gros blocs inaltérables, qui, par leur entassement, forment un petit sommet au lieu dit *Pierre-l'Autel.*

3. — L'âge des roches cristallines en Mâconnais.

J'ai dit, en commençant, qu'à l'exception du granite, toutes les roches que je viens d'énumérer traversent en filons nos terrains sédimentaires les plus anciens. Or, si l'on applique ce principe que tout filon traversant un terrain est plus récent que ce terrain, il ne sera pas difficile d'établir l'âge relatif de nos roches éruptives.

1° Le granite, ai-je dit, est antérieur à notre série strati-
fiée. Il lui est subordonné et ne la pénètre nulle part. En
allant un peu au sud de notre région, à Saint-Amour, on
peut le voir traverser et bouleverser des schistes micacés
appartenant probablement au système archéen (cambrien)
et certainement antérieur à ce que nous avons de plus
ancien, qui paraît être le dévonien.

2° On voit la diorite traverser en filons (Fuissé, *les
Rontés*) la grauwacke dévonienne, où elle s'épanche en
nappes interstratifiées (Fuissé, *le Mollard-Galli*, le chemin
de Vinzelles). Mais elle ne pénètre pas dans les schistes
carbonifères. Elle leur est donc antérieure.

3° Les tufs renferment des fragments de schistes et de
poudingues carbonifères. Ils sont donc postérieurs. La
stratigraphie indique clairement, d'ailleurs, qu'ils les
recouvrent souvent en nappes étendues (Fuissé, *Sur-les-
Mouiins*).

4° Le porphyre noir est plus récent que les tufs qu'il
traverse (*Bois-Clair*, Fuissé, N.-E.).

5° La micro-granulite pénètre la grauwacke, les schistes
(Fuissé) et les tufs (Sologny, O.) dont elle empâte fréquemment des débris. Elle a entraîné aussi des fragments de
porphyre noir. Elle est donc sortie après les tufs et après le
porphyre noir.

6° Pas une de ces roches ne pénètre dans le trias ni à
plus forte raison dans le jurassique, qui correspond à une
longue phase de repos.

En voyant les roches éruptives apparaître dans la plupart
de nos failles, on a pu être tenté de les considérer comme
ayant joué un rôle actif dans le phénomène de la faille et du
soulèvement. Mais il n'en est rien. Elles apparaissent par
l'effet même de la dislocation, au même titre que toutes les
roches stratifiées qui leur sont superposées. Leur rôle éruptif

était terminé depuis longtemps quand, à l'époque éocène, les failles qui ont donné au pays son relief actuel vinrent à se produire ou à se rouvrir.

À cette époque, et après une longue période de calme, l'énergie chimique du globe se réveilla. Nous verrons, quand nous en serons là (ch. XVII, 3), quels phénomènes éruptifs marquèrent dans notre région les débuts des temps tertiaires.

Nous aurons également à parler, en traitant de la période triasique (ch. IV et V), des nombreux filons de quartz qui se produisirent alors et s'épanchèrent au fond des mers pour former par l'agglutination des sables et des graviers les arkoses des grès bigarrés et du keuper.

On constate le passage de ces filons de quartz triasiques à travers les formations antérieures, soit dans la grauwacke (Fuissé, chemin du *Mollard-Galli*), soit dans les schistes carbonifères (Charnay, *Saint-Léger*) et dans les poudingues (Bussières, *la Roche-Bregnat*), soit dans les tufs (Sologny, O., *en Moins*) et aussi dans les porphyres et dans la micro-granulite.

Au point de vue agricole, les roches cristallines que je viens de décrire n'offrent pas une grande importance dans la région. Les plus altérables se décomposent en arène, ce qui permet de les mettre en culture. Leur altitude détermine la nature de leur appropriation agricole.

L'arène résultant de la décomposition des micro-granu-lites et des tufs forme un terrain maigre et froid, plus favo-rable aux céréales qu'à la vigne. Cependant, à Fuissé, la vigne y réussit assez bien, grâce à leur faible altitude. Sur les coteaux du chaînon occidental, la culture de la vigne ne dépasse guère la limite des terrains stratifiés. Les hauts sommets de Sologny, formés par les tufs de porphyre noir, sont couverts de bois ou tout à fait incultes. Le chaulage pourrait être appliqué avec succès à toute la région porphyrique.

Nos roches cristallines servent aux clôtures rurales sur tous leurs points d'affleurement, quand elles sont suffisamment compactes. Les déblais du tunnel du *Bois-Clair* sont utilisés pour les routes et forment un bon empierrement. On pourrait tirer de quelques-unes de ces roches un excellent parti décoratif. Taillées et polies, elles seraient d'un très bel effet.

L'arène de micro-granulite est exploitée comme sable à bâtir à Sologny, à Berzé-la-Ville, à Milly, à Bussières, à Vergisson et à Fuissé.

TERRAINS STRATIFIÉS

PALÉOZOÏQUES.

Le chapitre qui précède a dû nécessairement empiéter sur celui-ci. Nous ne pouvions, en effet, parler des roches éruptives sans dire quels sont leurs rapports avec les terrains stratifiés qu'elles ont traversés.

Nos terrains paléozoïques sont particulièrement développés à l'est et au sud de Fuissé. Ils plongent dans la direction N.-N.-O. En sorte que si l'on suit, en se dirigeant vers le N., la ligne de faîte entre le hameau de *Vers-Chânes* ou *des Bruyères* et le bois de *Saint-Léger*, on parcourt toute la série.

On rencontre successivement des quartzites, une grauwacke terreuse, puis des schistes, des grès et des poudingues carbonifères et enfin des tufs de porphyre noir.

Les quartzites et la grauwacke occupent principalement la région de *Vers-Chânes*, des *Bruyères* et des *Mollards*. Le chemin tendant de Fuissé à Vinzelles fait à peu près la séparation entre la grauwacke et les schistes.

Les poudingues recouvrant les schistes forment le sommet des *Vernays*. Un peu plus au nord commencent les tufs.

Le terrain carbonifère (schistes avec filon de quartz et de micro-granulite) reparaît sous le château de *Saint-Léger*, où il est surmonté par les grès du trias. Puis on le rencontre une dernière fois (schistes, poudingues et tufs) à Bussières, sommet 274.

Nous allons examiner successivement ces différentes formations.

II.

ÉTAGE DÉVONIEN.

Quartzites et Grauwacke.

On a désigné depuis longtemps sous le nom de grauwacke un complexe de couches formé de schistes, de grès schistoïdes terreux et de quartzites que l'on considérait comme formant, aux environs de Mâcon, la base du carbonifère. C'est la détermination que j'avais adoptée pour la légende de ma carte.

M. Michel Lévy se croit autorisé à en reculer l'âge, qui serait tout au plus dévonien, et les date par les éruptions de diorite, qui les traversent en filons (Fuissé, *les Rontés*).

Les quartzites paraissent dominer à la base de la formation (*les Bruyères ;* le chemin qui longe le parc de Vinzelles). Puis viennent des grès terreux, schistoïdes, à cassure irrégulière, formés de grains de quartz, de feldspath à moitié décomposé, de fragments roulés de roches rougeâtres ou grisâtres, agglomérés par un ciment argileux ou feldspathique (Fuissé, *Sur-les-Mollards*). A la partie supérieure, ils passent à des schistes fins feuilletés jaunâtres ou rougeâtres qui se relient sans transition appréciable à la base des schistes carbonifères (Fuissé, chemin de Vinzelles).

C'est un terrain manifestement formé de débris de la roche éruptive (granite) et des schistes archéens sur lesquels on le voit reposer en discordance plus au sud vers Saint-Amour et Saint-Vérand.

Il ne renferme pas de fossiles. Sa base est percée par la granulite.

La grauwacke terreuse est exploitée comme gravier, à Fuissé (*Sur-les-Mollards*). Elle est cultivée en vignes de bonne qualité.

III.

ÉTAGE CARBONIFÈRE.

1. — Schiste.

L'étage carbonifère débute par des schistes noirs ou gris, qu'on peut voir en contact avec la grauwacke sur le chemin de Fuissé à Vinzelles, et particulièrement à l'entour de la *Creuse-Préaud*. Sur ce point, ils sont fossilifères. J'y ai recueilli des empreintes végétales parmi lesquelles on reconnaît :

Stigmaria ficoïdes,
Asterophyllites.....
Une fougère (*sphenopteris dissecta*).

On les voit, à Fuissé, formant la salbande d'un filon de micro-granulite, se remplir de mica[1].

Parfois ils sont très fins, très noirs, très imprégnés de quartz. Ils rayent l'acier et éclatent sous le marteau comme du silex. C'est une véritable lydienne,

Ils correspondent à une période de calme. Ce sont des dépôts argileux formés sans doute dans des lagunes à l'abri de la haute mer ou dans de petits bassins isolés.

---

[1] Ils ont aussi donné naissance, sous l'influence des filons, à une sorte de brèche éruptive qui forme, à Fuissé, une très belle roche (chemin des *Vernays*).

2. — Grès et Poudingues.

Par dessus les schistes (Fuissé, *Sur-les-Vernays*), on voit se développer d'abord des grès plus ou moins fins, alternant avec des zones schisteuses, puis des poudingues à éléments roulés, formés de grès, de schistes, de quartzites, de micro-granulite, etc., en fragments de toute grosseur, mais ne dépassant guère le volume du poing. C'est une très belle roche, aux couleurs vives et variées, à ciment très dur, assez inaltérable, quelquefois caverneux.

On retrouve les mêmes poudingues à Bussières (sommet 274), dans la même position par rapport aux schistes carbonifères. Grès et poudingues accusent un régime de courants et d'agitations énergiques qui furent les phénomènes avant-coureurs des éruptions de l'époque des tufs et des micro-granulites.

Par dessus les poudingues s'étend ce vaste manteau de tufs dont nous avons déjà parlé et sous lequel toute notre région fut engloutie sur une vaste étendue. Il est difficile de se représenter par l'imagination l'intensité des phénomènes éruptifs et volcaniques qui se produisirent à cette époque. La terre s'entrouvrit de tous les côtés pour livrer passage à des matières ignées et la croûte consolidée subit de violentes dislocations. Rien, dans ce qui se passe aujourd'hui, ne peut donner une idée exacte de la puissance de ces effets.

On voit, à Fuissé, une roche schistoïde, très micacée, certainement métamorphique[1] former le passage des poudingues aux tufs. A Chasselas et à Pruzilly, ce niveau est remarquablement fossilifère. C'est probablement l'équiva-

---

[1] J'entends par là un schiste transformé dans lequel le mica s'est développé sous l'influence des tufs qui le recouvrent.

lent du *culm*. M. l'abbé Ducrost y a recueilli de belles empreintes végétales.

Les schistes carbouifères se délitent facilement, et, sauf quelques zones plus compactes, ils peuvent être mis en culture. Leur couleur sombre absorbe bien les rayons solaires, et le vin qui en sort est de bonne qualité, principalement sur le coteau de Fuissé exposé à l'ouest.

La grauwacke est également cultivée en vignes.

Les poudingues sont exploités pour les clôtures d'alentour et leurs affleurements restent stériles.

TERRAIN TRIASIQUE.

Notre région, émergée sans doute pendant les époques houillère et permienne, qui n'y sont pas représentées, subit ensuite un affaissement qui y amena de nouveau les eaux marines. Elle forma un fond de mer très inégal constitué ici par des lambeaux du terrain dévonien ou carbonifère, ailleurs par les roches éruptives et tuffacées.

Les premiers dépôts qui s'y accumulèrent représentent incontestablement le trias. Ils débutent par des formations gréseuses et dolomitiques et finissent par de puissantes couches d'argile alternant avec des dolomies et du gypse.

Si l'on admet que notre trias soit complet, que toutes les subdivisions de l'étage y soient représentées, il faut reconnaître, dans tous les cas, que c'est un trias très réduit, où les différents horizons n'ont qu'une très faible puissance. On pourrait à la rigueur le faire rentrer en entier dans le saliférien ou le keuper. On verra, en effet, que les fossiles cités plus loin dans notre prétendu grès bigarré et dans notre muschelkalk n'ont rien d'absolument caractéristique. Dans les localités types de l'Allemagne, le labyrinthodonte, la *Voltzia heterophylla* et les myophories remontent jusque dans le keuper.

Néanmoins, par assimilation avec ce qui se passe dans le Mont-d'Or lyonnais, où les caractères paléontologiques conchyliens sont mieux représentés qu'ici et où la stratigraphie est absolument la même qu'aux environs de Mâcon, il me paraît assez probable que nous avons un équivalent très réduit des grès bigarrés et du muschelkalk.

J'adopterai donc, avec les réserves que je viens de faire, la classification que voici :

Trias.
- Saliférien.
  - Cargneules.
  - Marnes irisées.
  - Keuper.
- Conchylien.
  - Muschelkalk.
  - Grès bigarré.

La preuve que les nombreux filons de quartz dont j'ai signalé le passage à travers les terrains antérieurs sont bien de l'époque triasique, est qu'ils ont formé chapeau au milieu de nos grès conchyliens ou du keuper. Leurs points d'émission sont rendus parfaitement évidents par les amas de silice concrétionnée ou cristallisée qui se sont produits tout autour. Le quartz arrivait sans doute à l'état pâteux sous l'action de sources thermales, entraînant avec lui des minerais métalliques (fer, plomb, cuivre, manganèse), de la barytine et du spath fluor. Il a formé le ciment de nos grès, en s'épanchant dans les eaux de la mer triasique.

On voit apparaître le trias dans le premier chaînon occidental, à l'ouest de Sologny et notamment au *Bois-Clair* et au hameau des *Tourniers*. Une petite faille le ramène aux hameaux du *Vernay* et des *Chardignys*, dans les bois du *Cloux* et de *Vaux*. Dans le second chaînon, il forme une zone continue de Solutré à Berzé-la-Ville, en passant par Vergisson, Bussières et Milly. Dans le troisième chaînon, il se montre à l'ouest de Vinzelles et de Loché, puis reparaît à partir de Chevagny jusqu'au sommet 410 (Saint-Sorlin). Il n'est pas visible dans le quatrième chaînon.

IV.

ÉTAGE CONCHYLIEN.

1. — Grès bigarrés.

Des courants marins ont charrié par dessus les formations antérieures des sables et des graviers qui, agglutinés par un ciment siliceux, forment les grès triasiques inférieurs appelés grès bigarrés à cause de leurs alternances de zones grises, rouges ou jaunes.

Ils reposent ici sur les schistes (Fuissé), là sur la grauwacke (Fuissé) ou les tufs (bois de *Saint-Léger*, Sologny, O.), ailleurs sur les poudingues carbonifères (Bussières, *la Roche-Bregnat*), le granite (Sologny, S.) ou la microgranulite (Berzé-la-Ville, *Nancelles*, Verzé, O.). C'est-à-dire qu'ils se trouvent partout en stratification discordante avec les terrains qu'ils recouvrent.

Ce sont des grès généralement grossiers, à gros éléments, quelquefois sans cohésion, sableux; d'autres fois très durs, très imprégnés de silice. Ils sont formés de quartz roulé, anguleux ou bipyramidé et de feldspath blanc, rouge ou rose, en lamelles brisées, éléments empruntés aux roches porphyriques ou granitiques.

Leur puissance est très inégale suivant les localités où on les observe et varie rapidement d'un point à un autre. On conçoit, en effet, que leur épaisseur dépend des dépressions du fond de mer qu'ils ont comblé. Cette observation s'applique aussi au muschelkalk et aux grès du keuper. Il ne faut pas oublier que nous sommes dans une région littorale semée peut-être de récifs qui émergeaient au dessus des eaux. On voit, en effet, sur quelques points, des lacunes qui ne peuvent guère s'expliquer autrement. Par exemple, à Sologny, lieu dit *Salangoin*, les marnes irisées reposent directement sur les tufs, tandis qu'à quelques pas de là on trouve la série complète, mais très réduite.

Nous avons recueilli, M. l'abbé Ducrost et moi, dans les carrières de Chasselas, à un niveau qui paraît correspondre à la partie supérieure des grès bigarrés, de belles empreintes de pas de labyrinthodonte.

M. l'abbé Ducrost a trouvé, dans la même localité, une tige bien déterminable de *Voltzia heterophylla*, des empreintes de pas de tortue, etc.

Localités types : *Nancelles*, St-Sorlin; *la Roche-Bregnat*, Bussières.

2. — Muschelkalk.

Cette première phase gréseuse fut interrompue par une courte période de calme pendant laquelle, l'action des courants se trouvant suspendue, il se précipita un calcaire dolomitique rose, gris rose ou lie de vin, à cassure spathique, se terminant par des bancs ondulés, qui serait l'équivalent du muschelkalk. Au *Mont-d'Or* lyonnais, ce calcaire dolomitique renferme de nombreux fossiles et un bone-bed où abondent les dents de poisson[1]. M. l'abbé Ducrost a découvert quelques-unes de ces dents de poisson dans un affleurement (grès à ciment calcaire) que l'on voit sur la route tendant de *la Roche* (Saint-Vérand) à Pruzilly. Ainsi le faciès du *Mont-d'Or* lyonnais se continue jusque dans le voisinage de Mâcon.

La présence des bancs dolomitiques n'est pas constante.

[1] FALSAN et LOCARD, *Monographie géologique du Mont-d'Or lyonnais*, p. 134.

Ils alternent souvent avec des grès à ciment calcaire (Bussières, N.-O.). Quand ils manquent tout à fait, ils sont remplacés par des grès fins dans lesquels M. l'abbé Ducrost a recueilli (carrières de Chasselas) quelques empreintes de *Myophoria Goldfussii*.

Localités types : *la Roche-Bregnat* (Bussières), le long de la route de Pierreclos; *Vallière* (Pierreclos); *les Chardignys*, O., Berzé-la-Ville.

V.

ÉTAGE SALIFÉRIEN.

1. — Arkoses du Keuper.

Par dessus le calcaire dolomitique, la formation gréseuse recommence. En Lyonnais, ce sont des grès à ciment calcaire. En Mâconnais, ils sont siliceux, comme les grès bigarrés, mais plus compactes et plus fins; sur certains points, le ciment siliceux devient si abondant qu'ils prennent l'aspect de vraies quartzites (*Nancelles*; Chevagny, N.). C'est la suite de phénomènes filoniens déjà signalés dans les grès bigarrés.

A la limite de Solutré et de Chasselas (lieu dit *en Rochenin*), ces grès supérieurs sont remplis de débris charbonneux de bois flottés.

Nous sommes, en effet, sur un rivage qui découvrait probablement à marée basse, puisque des animaux amphibies, tortues et labyrinthodontes, venaient s'y promener. On y observe, principalement dans la région moyenne correspondant au muschelkalk (Chasselas), les gerçures ou crevasses si communes dans tous les grès de cette époque, ainsi que des empreintes physiologiques de gouttes d'eau ou de vagues. La disposition des petits bourrelets laissés par la vague indique qu'elle venait du sud-est. C'est de ce côté que devait être, en effet, la pleine mer, puisque le massif central formait une grande terre à l'ouest.

Il n'est pas rare de rencontrer dans les trois étages qui viennent d'être décrits, aussi bien dans les grès que dans le calcaire dolomitique, de la barytine, du spath fluor, des cristaux de quartz et de plomb sulfuré (galène), ainsi que des dendrites formées par du manganèse sesquioxydé hydraté.

Les grès triasiques ont engendré de vastes éboulis (Vergisson, O.; *Vaux-Verzé*, N.-O.). Ils se décomposent en une arène argileuse blanchâtre, caillouteuse, qui forme sur les pentes des terres de qualité très médiocre.

Leur puissance totale (y compris le muschelkalk), très variable, comme je l'ai dit, peut être évaluée en moyenne à 20 mètres.

La plupart des affleurements sont exploités pour la fabrication des pavés (*Nancelles*, Verzé, N.-O.; le bois de *Saint-Léger*, etc.). Ils se taillent et s'éclatent facilement. Quelques zones se débitent en dalles minces.

Localités types : *Nancelles* (Saint-Sorlin); *la Roche-Bregnat* (Bussières); Vergisson, O.; Sologny, N.-O.[1]; les sommets à l'O. de *Vaux-Verzé*.

2. — Marnes irisées.

Une nouvelle phase de calme survient et donne naissance à des dépôts boueux qu'on a désignés sous le nom de marnes irisées.

---

[1] Par l'effet de failles, les grès du trias ont pris un très grand développement à l'ouest du hameau de *la Roche* (Sologny) et remontent jusqu'au sommet de la chaîne porphyrique.

Les marnes irisées sont constituées par une succession de couches argileuses, plus ou moins friables et offrant des zones diversement colorées, blanchâtres, grises, verdâtres, rouges, jaunes, etc., d'où est venu leur nom.

Ces couches alternent avec des grès et des bancs de calcaire dolomitique cristallin, saccharoïde ou compacte.

D'après M. Berthaud, il règne, à la partie moyenne des marnes irisées, un banc dolomitique épais d'un mètre environ, très constant dans tout le Mâconnais.

Le sous-étage des marnes irisées est généralement riche en sel gemme et en gypse. Le sel gemme n'est représenté en Mâconnais que par de petits cristaux épigéniques (*le Vernay* et Bussières; *Vaux-Verzé*), déjà signalés au *Mont-d'Or* lyonnais par MM. Falsan et Locard. Quant au gypse, il est exploité à Berzé-la-Ville et à Milly où il forme des bancs importants.

Voici la coupe des marnes irisées à Berzé-la-Ville, telle que je la dois à l'obligeance de M. Préaud, propriétaire de l'exploitation :

1. Argile verte.
2. Argile bleue.
3. Plâtre blanc, 1 mètre.
4. Argile rouge, magnésienne, 4 mètres.
5. Plâtre gris, 12 mètres.
6. Plâtre gris non exploité, 12 mètres.

Ce terrain représente une phase de soulèvement qui a séparé nos régions de la grande mer et les a converties en bassins d'évaporation où les eaux saturées de sels minéraux les laissèrent déposer successivement.

Au point de vue agricole, les marnes irisées forment des terrains généralement humides, bons à mettre en prairies. Mais elles sont fréquemment aussi plantées en vignes.

Leur puissance moyenne paraît être de 30 à 35 mètres. Elles ne renferment pas de fossiles.

Localités types : *le Bois-Clair* (Sologny), sur la route de Cluny ; les carrières de Berzé-la-Ville ; le tunnel du *Bois-Clair*.

3. — Cargneules.

L'étage des marnes irisées se termine très régulièrement par des couches de calcaire dolomitique cloisonnées, caverneuses, désignées sous le nom de cargneules ou de dolomie caverneuse, dont l'épaisseur est généralement d'un mètre. Ces couches font le passage à l'étage suivant.

Coupe relevée à la Roche-Bregnat (Bussières), sur la route de Pierreclos.

SALIFÉRIEN.

1 Marnes irisées, épaisseur inconnue.

2 Grès fin, siliceux, légèrement caverneux, brun jaunâtre 0   20

3 Grès fin, très dur, siliceux, grisâtre, rouillé sur les joints. 3   »

4 Grès fin, schistoïde, caverneux, gris ou jaune clair. . 0   30

5 Zone feuilletée, terreuse, schistoïde, grisâtre 1   50

MUSCHELKALK.

6 Calcaire feuilleté 0   55

7 Banc calcaire, cristallin, dolomitique, brun jaunâtre. 0   40

8 Calcaire feuilleté en couches minces ondulées. 0   55

GRÈS BIGARRÉS.

9 Grès poreux, léger, pulvérulent, brun noirâtre 0   08

10 Zone d'argile terreuse, grise et jaune 0   20

11 Grès fin, dur, gris ou brun, par petits bancs de 0ᵐ 40, alternant avec des zones argileuses couleur de rouille de 0ᵐ 01, semées de gros grains de quartz 1   »

12 Grès feuilleté, plus ou moins fin, tendre, gris et jaune 2   »

13 Grès grossier, très siliceux, très dur, gris rosé, par bancs de 0ᵐ 50 à 0ᵐ 10, partie visible. 3   »

PUISSANCE TOTALE 12   78

Coupe à Sologny (le Buchet).

Marnes irisées.

Grès siliceux, fin, compacte......................	1	»
Grès grossier, feuilleté........................	2	»
Grès friable noirâtre..........................	0	80
Grès friable rougeâtre.........................	»	»
Argile feuilletée grisâtre......................	»	»
Grès terreux rougeâtre........................	2	»
Grès dolomitique gris jaunâtre.................	1	»
Argile feuilletée rougeâtre....................	»	»
Argile feuilletée bleuâtre.....................	»	»
Grès dolomitique compacte.....................	1	»
Grès grossier dolomitique, avec des vacuoles tapissées de peroxyde de manganèse........................	1	»

Granite.

PUISSANCE TOTALE, environ................. 15   »

Coupe à Vallières (Pierreclos, N.-O.).

Marnes irisées.

Calcaire dolomitique en petits bancs ondulés.........	1	»
Calcaire gréseux, lie de vin.....................	0	20
Calcaire gréseux en petits bancs d'un décimètre.......	1	»
Grès à ciment calcaire.........................	1	50
Grès friable, brun noirâtre, coloré par du manganèse...	0	40
Calcaire dolomitique gris ou rose en plaquettes........	1	»
Grès tendre siliceux..........................	1	50
Grès friable, lamellaire, lie de vin ou brun noirâtre....	7	»
Grès siliceux compacte fin, tendre.................	3	»
Grès siliceux grossier, tendre, très feldspathique.......	1	50
Zone argileuse à éléments désagrégés..............	2	»

Micro-granulite.

PUISSANCE TOTALE................ 20   10

COUCHES DE JONCTION.

VI.

ÉTAGE RHOETIEN.

Le régime qui a donné naissance aux terrains du trias se continue. Les couches que nous allons décrire en sont bien la suite au point de vue minéralogique. Sous le rapport paléontologique, elles font le trait d'union entre les faunes du muschelkalk et du lias. C'est donc avec raison que les Allemands les ont dénommées *grenzschichten*, couches de jonction.

Elles forment un seul étage, pour lequel nous adopterons, avec M. Gümbel, le nom d'étage rhœtien, que MM. Falsan, Locard et Dumortier ont déjà appliqué dans notre région aux couches du Mont-d'Or lyonnais.

Cette formation s'observe à la suite des marnes irisées sous les calcaires de l'infra-lias. Elle est bien développée à l'O. de Sologny, au *Bois-Clair*; puis à l'O. de Solutré et de Vergisson; à Bussières, O.; au hameau de *Marie* (Berzé-la-Ville); à *Vaux-Verzé*, O., et enfin à Saint-Sorlin (lieux dits *Vers-les-Moulins* et *le Gros-Mont*). Elle se montre peu dans le troisième chaînon, où elle est masquée par les cultures, et ne paraît pas dans le quatrième et dernier chaînon occidental.

L'étage rhœtien correspond aux *grès infra-liasiques* de MM. Dufrénoy et Elie de Beaumont; au rhœtien (*Rhœtiche-stufe*) de M. Gümbel; au *bone-bed* des Anglais; à la zone à *Avicula contorta* d'Oppel.

Il est séparé, comme nous l'avons vu, des marnes irisées par une couche de cargneules d'environ 1 mètre de puissance. Il commence par des grès grossiers qui alternent ensuite avec des grès plus fins, des calcaires dolomitiques jaunâtres en plaquettes minces, des lits d'argile diversement colorés et des cargneules.

Voici une coupe relevée à Solutré par M. l'abbé Ducrost :

INFRA-LIASIEN (choin bâtard : 5m 30).

RHOETIEN :

1	Calcaire feuilleté	2	»
2	Grès compacte	0	10
3	Calcaire jaune feuilleté, marneux	0	50
4	Grès compacte	0	05
5	Calcaire jaune feuilleté	0	20
6	Marne	0	10
7	Grès compacte	0	05
8	Marne	0	40
9	Grès compacte	0	10
10	Calcaire jaune feuilleté, avec alternances de grès sableux	2	»
11	Sable de marnes	0	30
12	Grès compacte	0	40
13	Grès	0	50
14	Calcaire jaune grumeleux, passant au grès à la partie supérieure	0	40
15	Grès siliceux	0	20
16	Calcaire jaune	0	30
17	Grès sableux	0	10
18	Calcaire jaune gréseux	0	30
19	Grès avec dents de poisson	0	15
20	Calcaires	0	30
21	Grès sableux	0	60
22	Grès très fin, mélangé de marne à la base	1	50
	PUISSANCE TOTALE	10	55

SALIFÉRIEN :

23 Cargneules.

24 Marnes irisées.

Les grès rhœtiens sont formés de quartz agglutinés par un ciment calcaire plus ou moins apparent. Leur consistance est très variable, ainsi que la puissance des bancs. A l'ouest de Solutré, de Vergisson, on les trouve en bancs peu épais et formés d'éléments très grossiers. Aux *Esserteaux*, ils sont plus fins et plus durs. A Sologny, dans un chemin creux, à l'ouest de l'église, ils se présentent en masse compacte sableuse sur plusieurs mètres d'épaisseur. On y relève la coupe que voici :

Marnes verdâtres gréseuses..........................	1	»
Calcaire jaunâtre à *Teniodon* et à *Avicula contorta*.......	0	40
Grès grumeleux..................................	1	50
Calcaire dolomitique avec petits bancs caverneux.......	0	40
Grès fins, sans cohésion, presque sableux............	3	»
Grès marneux et calcaire dolomitique................	2	»
PUISSANCE TOTALE.................	8	30

La puissance de cette formation varie donc de 8ᵐ 30 à 10ᵐ 50.

Les fossiles sont nombreux, soit dans les grès grossiers, où l'on trouve d'abondants débris de poissons et particulièrement des dents, soit à la surface des petites plaquettes de calcaire dolomitique jaunâtre, de 2 à 3 centimètres d'épaisseur, qu'on observe principalement à la partie supérieure des grès. Ces plaquettes sont le gisement ordinaire du *Teniodon præcursor* et de l'*Avicula contorta*, qui forment lumachelle.

Les espèces les plus caractéristiques sont :

Saurichtys acuminatus (Agassiz).	*Sphærodus...* (Agassiz).
Saurichtys apicialis (id).	*Avicula contorta* (Portlock).
Sargodon tomicus (Plienenger).	*Teniodon præcursor* (Schlembach).
Acrodus minimus (Agassiz).	*Gervillia præcursor* (Quenstedt).
Hybodus cuspis (id.).	

L'étage rhœtien donne, par désagrégation, une terre sablonneuse et joue un rôle peu important dans la culture, à raison de sa faible puissance.

Localités types : Solutré (sur le chemin de *la Grange-du-Bois*, un peu après le cimetière ; sur la limite de Chasselas, dans le petit chemin allant de la route de Leynes *en Rochenin* ; Sologny, chemin creux, derrière l'église).

TERRAINS JURASSIQUES.

VII.

ÉTAGE HETTANGIEN (infra-lias).

Nous diviserons cet étage en deux zones principales qui diffèrent autant par leurs caractères minéralogiques que par leur faune et auxquelles on a donné les noms de zone à *Ammonites planorbis* et de zone à *Ammonites angulatus.* En Mâconnais, nous n'avons pas encore rencontré l'*A. planorbis*, et l'*A. angulatus* ne m'est connu que par un échantillon douteux de la collection de M. l'abbé Ducrost. Je crois donc devoir réserver ces deux dénominations jusqu'à nouvel ordre. Je désignerai la première zone par le nom d'un de ses fossiles très caractéristiques, le *Mytilus Stoppanii.*

Le terrain infra-liasique forme une étroite bande à l'O. des affleurements liasiques. Il se montre dans la première chaîne à l'O. de Sologny et se prolonge jusqu'aux *Tourniers.* C'est dans la seconde chaîne qu'il est le plus visible, à l'O. de Solutré, dans le voisinage de *la Grange-du-Bois;* à Vergisson, O.; Bussières, O.; Milly, E.; Berzé-la-Ville, N.-E.; *le Vernay; Vaux-Verzé*, O. Il paraît une dernière fois dans la troisième chaîne, depuis Chevagny jusqu'au *Gros-Mont.*

1. — Zone à Mytilus Stoppanii.

Pendant cette première période infra-liasique, le régime des grès règne encore, alternant avec des argiles vertes et des cargneules. Elle débute par des grès ; puis, à la partie moyenne, on voit apparaître des calcaires fins lithographiques, qui annoncent déjà les formations jurassiques. Ce sont les calcaires à *Pecten Thiollierei*, recouverts à leur partie supérieure par la lumachelle à *Mytilus Stoppanii* et à *Ostrea irregularis*. Ensuite vient une succession d'argiles vertes, de cargneules et de grès. Enfin, la zone se termine par un calcaire à lumachelle, perforé, à sa partie supérieure, par des annélides, ce qui indique une phase de soulèvement pendant laquelle le calcaire perforé a formé rivage.

A Solutré (route de *la Grange-du-Bois*), on relève la coupe que voici :

Zone ferrugineuse du foie-de-veau.

Calcaire perforé à sa partie supérieure	0	50
Marnes grumeleuses	0	40
Calcaire ferrugineux jaunâtre à lumachelle	0	30
Grès désagrégé	0	80
Grès compactes, avec vacuoles ferrugineuses	0	50
Marnes feuilletées gréseuses	0	20
Calcaire lithographique à *Mytilus Stoppanii*	0	15
Marnes	0	15
Calcaire fin lithographique	0	05
Calcaire grossier	0	05
Calcaire feuilleté	0	40
Marnes sableuses	0	40
Petit banc calcaire	0	05
Marnes sableuses	1	40
Grès fossilifères; dents de poisson; *Diademopsis*	0	50
	5	85

Les principaux fossiles sont :

Plicatula intus-striata (Emmerich)	*Pecten Thiollierei* (Martin).
Mytilus scalprum (Goldfuss).	*Ostrea irregularis* (Münster).
— *Stoppanii* (Dumortier).	*Diademopsis serialis* (Desor).
Pecten Valoniensis (Defrance).	

La puissance de cette zone, à Solutré, est de 5ᵐ 30 à 5ᵐ 85.

2. — Calcaire infra-liasique (foie-de-veau).

Les divisions supérieures de l'infra-lias correspondent aux couches à *A. angulatus* et au foie-de-veau de la Bourgogne. Il commence par une zone rougeâtre ferrugineuse très constante, surmontée par un calcaire jaunâtre à lumachelle, où abonde la *Pinna diluviana*. Par dessus se développe un calcaire bleu jaunâtre, fin, compacte, passant insensiblement au calcaire à gryphées.

Voici une coupe relevée à Berzé-la-Ville :

Calcaire à gryphées (11 ᵐ).

Calcaire gris bleuâtre, avec quelques gryphées de petite taille	1	»
Calcaire gris jaunâtre, peu fossilifère	1	»
Calcaire jaunâtre	0	70
Lumachelle à *Pinna diluviana*; *Montlivaltia Sinemuriensis*.	0	30
Quatre bancs rougeâtres séparés par de petits lits ocreux.	0	70
Trois bancs de calcaire marneux brun jaunâtre	0	40
Calcaire perforé (choin bâtard)	0	20
Lit marneux	0	20
Lumachelle.		
	4	**50**

L'épaisseur totale du foie-de-veau est donc de 4 ᵐ 10.

Les principaux fossiles sont :

Orthostoma Oryza (Terquem).	*Cardinia Sinemuriensis* (d'Orb.)
— *avena* (id.).	*Pinna diluviana* (Schlot).
— *gracile* (J. Martin).	*Gryphæa arcuata* (Lam.).
Turbo Ferryi (Dumortier).	*Montlivaltia Sinemuriensis* (de
Cerithium verrucosum (Terqu.)	Fromentel).
Panopæa crassa (d'Orb.).	*Thecosmilia Martini* (de From.).

Le terrain infra-liasique forme une bande rocheuse généralement inculte qui fait saillie avec le sinémurien entre deux petites dépressions marneuses correspondant, d'une part, à l'étage rhœtien ; de l'autre, au lias moyen et supérieur.

Localités types : Solutré, S.-O. (route de *la Grange-du-Bois*) ; Berzé-la-Ville, N.-E.

VIII.

ÉTAGE DU LIAS.

L'étage du lias ne présente, en Mâconnais, que des coupes partielles et incomplètes. Si le lias inférieur offre de nombreux affleurements, le lias moyen et supérieur est toujours en culture, ce qui en rend l'étude difficile.

L'étage est assez bien représenté dans les deux premiers chaînons. Dans le troisième, il n'est bien visible qu'à Chevagny et disparaît en partie sous des formations plus récentes au nord et au sud. Il ne se montre pas à l'est de la quatrième faille.

On y retrouve les divisions bien connues :

Etage du lias
- Lias supérieur (Toarcien). — Marnes et calcaire fissile.
- Lias moyen (Liasien). — Lumachelle. Calcaire ferrugineux. Marnes grises. Calcaire à belemnites.
- Lias inférieur (Sinémurien). — Calcaire à *Gryphæa obliquata*. Calcaire à *Gryphæa arcuata*.

L'épaisseur totale de l'étage est d'environ 96 mètres.

1. — Sinémurien.

a. — *Calcaire à Gryphæa arcuata.*

Le calcaire à gryphées fournit un horizon géologique très constant. C'est une roche grise, bleuâtre ou noirâtre :

bitumineuse, pétrie de gryphées, principalement dans les lits marneux intercalés entre les bancs. Le terrain du lias et de l'infra-lias a subi des failles nombreuses par suite desquelles il occupe, dans certaines localités, une étendue considérable. C'est ainsi qu'à l'ouest de Sologny on voit reparaître trois fois le lias à gryphées. La région à l'ouest de Solutré en offre encore un exemple remarquable (voir la carte et les coupes).

Les fossiles caractéristiques sont :

Ichtyosaurus	*Plagiostoma giganteum* (Sow.).
Belemnites acutus (Miller).	*Gryphæa arcuata* (Lam.).
Nautilus striatus (Sow.).	*Spirifer Walcotii* (Sow.).
Ammonites bisulcatus (Brugu.).	*Pentacrinus tuberculatus* (Mill.).
Ammonites Bucklandi (Sow.).	*Neuropora mamillata* (de From.).

La puissance de cette première zone est de 11 ^{m}, mesurée à Berzé-la-Ville.

b. — *Calcaire à Gryphæa obliquata.*

A sa partie supérieure, le sinémurien devient jaunâtre. Les bancs compactes alternent avec des bancs marneux à feuillets ondulés et l'abondance des gryphées diminue. Le type de la gryphée arquée se modifie d'une façon caractéristique. Elle perd son sillon latéral, s'élargit et passe au type de la *Gryphæa obliquata* (Sow.), puis de la *Gryphæa gigantea* (Sow.).

Les bélemnites sont très abondantes à ce niveau qui correspond à la zone à *Ammonites oxynotus* de M. Dumortier ; on y trouve de nombreux individus de l'*Ammonites geometricus*, et des nodules de phosphate de chaux parsèment la roche de taches blanchâtres.

J'ai relevé aux *Tourniers* (Sologny), dans la carrière ouverte au bord de la route de Cluny, la coupe que voici :

Calcaire marneux (Liasien) à *Belemnites clavatus* et *Tere-*
  bratula numismalis.................................... 1 50
Banc de calcaire jaunâtre............................. 0 20
  —   — 0 20
  — avec *Gryphæa obliquata* 0 15
  —   — 0 10
  —   — 0 1C
Gros banc de calcaire grumeleux, à nodules ferrugineux,
  ondulé et perforé à sa partie supérieure, avec *Ammonites*
  raricostatus...................................... 0 25
Id.   — 0 30
Trois petits bancs marneux ondulés, pétris de bélemnites. 0 30
Gros banc peu fossilifère; stylolithes................ 0 '30
Huit petits bancs marneux, ondulés, fossilifères, avec
  Panopœa striatula; *Pholadomya*; *Ammonites geometricus*;
  Pecten textorius; fossiles et nodules phosphatés....... 0 45
Gros banc avec *Pentacrinites tuberculatus*; *Gryphæa obli-*
  quata; quelques *G. arcuata*...................... 0 25
Petit banc marneux ondulé, avec *Belemnites acutus*...... 0 07
Calcaire à *Gryphæa arcuata*.

Cette zone supérieure a donc $2^m 67$ de puissance, mesurée
aux *Tourniers*.

Parmi les fossiles principaux, je citerai :

Belemnites acutus (Miller).
Nautilus striatus (Sow.).
Ammonites geometricus (Oppel).
  — *raricostatus* (Ziet).

Gryphæa obliquata (Sow.).
Rhynchonella variabilis (d'Orb.).
Terebratula cor (Lam.).

Le sinémurien affleure à Sologny, S. et O.; aux *Tour-*
niers; à Solutré, O.; Vergisson; Bussières; Milly; Berzé-la-
Ville et Vaux-Verzé, ainsi que dans la petite zone liasique
qui contourne les sommets de Berzé-la-Ville, par *le Vernay*
et *les Chardignys*. On le retrouve ensuite à Saint-Sorlin,
puis dans la zone liasique qui s'étend de Charnay à Laizé, O.,
par Chevagny, *le Gros-Mont* et *Appugny*. Il n'apparaît pas
dans le quatrième chaînon.

Il forme de petites crêtes rocheuses et incultes qui ont

été utilisées généralement pour le passage des chemins au milieu des cultures.

Son épaisseur totale est d'environ 13 ^{m} 67.

Localités types : Solutré, O. et la route de Cluny, aux *Tourniers* (Sologny).

2. — Liasien.

a. — *Calcaire à bélemnites.*

Le liasien commence par des calcaires jaunâtres, bruns ou rougeâtres, fréquemment injectés d'oxyde de fer. Ils alternent avec de petits bancs marneux assez riches en rognons de phosphate de chaux, puis passent insensiblement aux marnes, qui occupent la région moyenne de l'étage liasien.

Les bélemnites dont elle est pétrie rendent cette zone facilement reconnaissable.

Ses principaux fossiles sont :

Belemnites paxillosus (Schlot.).	*Ammonites planicosta* (Sow.).
— *clavatus* (Blainv.).	*Gryphæa obliquata* (Sow.).
— *brevis* (Blainv.).	*Rhynchonella variabilis* (Schlot).
Ammonites Davœi (Sow.).	*Terebratula numismalis* (Lam.).
— *margaritatus* (Montf.)	*Pentacrinites basaltiformis* (Mil.)
— *Jamesoni* (Sow.).	

Voici une coupe du calcaire à bélemnites relevée aux *Tourniers* (Sologny) :

Marnes du lias moyen.

Petit banc calcaire	0	07
Zone marneuse	0	07
Petit banc calcaire.............................	0	05
Zone marneuse	0	07
Banc calcaire...................................	0	10
Zone marneuse..................................	0	05
A reporter.....................	0	41

Report........................	0	41
Banc calcaire.................	0	15
Zone marneuse.................	0	10
Banc calcaire.................	0	30
Joint marneux.................	0	05
Banc calcaire.................	0	15
Zone marneuse. La *Belemnites clavatus* devient abondante.	0	40
Banc calcaire.................	0	20
Joint marneux.................	0	05
Gros banc calcaire, avec joints ferrugineux............	0	70
Zone marneuse brunâtre, ferrugineuse, rognons phosphatés.................	0	20
Banc calcaire.................	0	13
Zone marneuse ferrugineuse ; quelques gryphées ; *Belemnites brevis ; Ammonites*.................	0	10
Banc calcaire ; rognons phosphatés..................	0	10
Zone marneuse : *Terebratula numismalis ; Belemnites paxillosus*.................	0	08
Sinémurien supérieur.		
	3	**12**

Le calcaire à bélemnites existe dans toutes les régions où nous avons déjà signalé le lias inférieur. Sa nature marneuse permet de le mettre facilement en culture.

Localités types : *Arène* (Chevagny) ; la route de Cluny, aux *Tourniers* (Sologny).

b. — *Marnes du lias moyen.*

Par dessus le calcaire à bélemnites règne une masse puissante de marnes grises ou bleuâtres qui, séchées, se délitent et happent à la langue. On n'y trouve pas de fossiles. Elles renferment, principalement à leur partie supérieure, des concrétions calcaréo-ferrugineuses, à couches concentriques, généralement aplaties, dont quelques-unes atteignent la grosseur du poing.

Ces marnes sont toujours en culture, terres ou vignes, de qualité médiocre. Elles forment une petite dépression à l'est des affleurements du calcaire à gryphées et du calcaire à bélemnites et se montrent partout où nous avons signalé les zones précédentes.

Leur épaisseur moyenne est de 70 ^{m} [1].

Localité type : La route de Pierreclos au col de Vergisson, au dessous de *la Roche*.

c. — *Calcaire ferrugineux et lumachelle.*

Les marnes du lias se terminent par une zone de calcaires marneux, bleuâtres ou jaunâtres, ferrugineux, à cassure irrégulière, où l'on trouve :

Cardinia crassissima (Sow.).	*Plicatula lævigata* (d'Orb.).
Avicula cycnipes (Phill.).	*Gryphæa gigantea* (Sow.).
Pecten æquivalvis (Sow.).	Traces de végétaux.

Là partie supérieure devient dure, grossière, spathique et se remplit d'une quantité de débris de coquillages formant lumachelle.

Cette zone est toujours masquée par les éboulis et les cultures. On en voit apparaître quelques lambeaux autour de la roche de Solutré.

3. — Toarcien.

Le lias se termine par des zones marneuses bleuâtres très foncées, presque noires, pétries de fossiles parfois pyriteux. On y trouve fréquemment des cristaux ou des concrétions de gypse.

Ces marnes alternent avec de petits bancs de calcaire feuilleté, fissile, ou de grès siliceux, de 10 à 20 centimètres

---

[1] Les marnes du lias moyen et supérieur, mesurées sur différents points, à Milly et à Berzé-la-Ville, m'ont donné les chiffres suivants : 65^{m}, 75^{m}, 80^{m}, 91^{m}, dont la moyenne est de 77^{m} 75. Si l'on en retranche l'épaisseur du toarcien (9 à 10^{m}), il reste encore 70^{m} environ pour les marnes du lias moyen.

d'épaisseur. Ces plaquettes laissent voir sur leurs joints de nombreux débris d'écailles de poissons.

Le toarcien n'est autre chose qu'une vase de rivage si l'on en juge par les nombreux céphalopodes qui s'y trouvent échoués.

Les principaux fossiles sont :

Belemnites digitalis (Schlot.)	*Ammonites Aalensis* (Ziet.)
— *pawillosus* (Schlot.).	— *insignis* (Schübler).
— *tripartitus* (Schlot.)	*Turbo duplicatus* (Sow.)
— *bisulcatus* (Blainv.).	*Nucula Hammeri* (Defr.).
Ammonites bifrons (Bruguières).	*Pecten textorius* (Schlot.).
— *radians* (Schlot.)	*Pentacrinites jurensis.*

Les marnes du toarcien, dont l'épaisseur n'est que de 8^m à Solutré, se montrent à la base de tous les escarpements bajociens, à l'est des vallées liasiques ; excepté dans le quatrième chaînon, allant de *la Grisière* à Senezan, où le lias n'apparaît pas.

De même que les marnes du lias moyen, elles sont généralement masquées sous le terrain détritique, engendré par la falaise bajocienne qui domine à l'est. C'est même grâce à l'amendement naturel fourni par le terrain détritique que ces zones marneuses peuvent être cultivées en vignes.

Localités types : Solutré, à la base de *la Roche ; la Croix-Blanche* (Sologny).

IX.

ÉTAGE BAJOCIEN.

L'étage bajocien se compose de calcaires jaunâtres ou rougeâtres, alternativement marneux ou cristallins, feuilletés ou compactes, reposant en stratifications concordantes sur les marnes du lias supérieur. Les assises les plus dures et les plus inaltérables de notre terrain jurassique appartiennent à cet étage. Il fournit les meilleures pierres de construction du pays et présente à sa partie supérieure des zones fossilifères très riches.

Le bajocien forme des escarpements à l'est de la vallée du lias dans les deux premières chaînes et surtout dans la seconde où il engendre les beaux abruptes du mont de Pouilly, de Solutré, de Vergisson, *Saint-Claude, Monsard,* et Berzé-la-Ville. De petites failles le ramènent à Saint-Sorlin et à Prissé. Dans le troisième chaînon, il se montre à Vinzelles, Loché, et forme une ligne non interrompue de Charnay à Laizé. Enfin, dans le quatrième chaînon, il règne de Flacé à Senozan.

La partie supérieure seule (couches à *Terebratula Phillipsii* et à *Ammonites Parkinsoni*) est susceptible d'être mise en culture.

Nous le diviserons, avec MM. de Ferry et Berthaud, en six zones:

	supérieur	Calcaire à *Ammonites Parkinsoni.*
		— à *Terebratula Phillipsii.*
Étage	moyen	Calcaire à polypiers.
bajocien		— à entroques.
	inférieur	Calcaire à *Pecten personatus.*
		— à *Ammonites Murchisonæ.*

1. — Calcaire à Ammonites Murchisonæ

Calcaire jaunâtre marneux, zoné de bleu et de rouge, pétri de chailles siliceuses, formé de lits feuilletés qui ne dépassent pas 30 centimètres d'épaisseur, gélif, impropre à servir de pierre de construction.

Les plans de séparation des feuillets sont couverts de traces de végétaux que les carriers appellent *coups de balai.* Elles se présentent, en effet, sous la forme de stries curvilignes telles que pourrait en produire un coup de balai sur de la terre molle. Ce végétal, qui devait croître dans une mer peu profonde, était de la famille des algues. M. Heer l'a classé dans un genre créé par lui sous le nom de *Zoophicos scoparius.*

Ces empreintes ont été longtemps considérées comme caractéristiques du calcaire bajocien inférieur que l'on désignait, à cause de cela, sous le nom de *calcaire à Fucoïdes.* Mais M. l'abbé Ducrost m'ayant signalé, à Solutré, une zone analogue, supérieure au calcaire à *Pecten personatus,* observée également dans le Mont-d'Or lyonnais par MM. Falsan et Locard, il me paraît préférable de désigner les premières assises de notre bajocien sous le nom d'une de ses ammonites caractéristiques, qui sont :

Ammonites Murchisonæ (Sow.) | *Ammonites Sowerbyi* (Mill.)

L'épaisseur de cette zone est de 15^m à Solutré.

Localités types : la base de la roche de Solutré et en général la base de tous nos escarpements bajociens.

2. — Calcaire à Pecten personatus.

Il forme, au point de vue minéralogique, le passage entre le calcaire à *Ammonites Murchisonæ* et le calcaire à entroques, dont il prend tout à fait le faciès à la partie supérieure. C'est principalement dans cette zone supérieure que se montre le *Pecten personatus* qui y forme parfois lumachelle.

Son épaisseur est d'environ 15^m à Solutré.

Localités types : le mont de Pouilly, O.; la base de la roche de Solutré, *Vaux-Verzé,* lieu dit *le Creux,* hameau des *Martins.*

3. — Calcaire à Entroques.

Calcaire saccharoïde, cristallin, coloré en rouge, mais accidentellement jaunâtre, gris, bleuâtre ou même noirâtre (Prissé, Saint-Sorlin, O.) tout pétri de débris spathiques de crinoïdes. C'est un dépôt marin formé sous l'influence des courants, à de grandes profondeurs.

Le calcaire compacte forme des bancs dont l'épaisseur maximum est de 80 centimètres (Saint-Sorlin, S.-E.). A la partie supérieure il alterne avec de petits lits marneux, fossilifères, dont quelques-uns sont tout pétris de bryozoaires.

Ses principaux fossiles sont :

Serpula limax (Goldf.).
Belemnites giganteus (Schlot.).
    —   *breviformis* (Quenst.).
Lyonsia abducta (d'Orb.).
Trigona striata (Sow.).
Mytilus Sowerbyanus (d'Orb.).
Berenicea diluviana (Lamk.).
Spiropora Deslongchampsii (de Ferry).
Spiropora Straminea (J. Haime).
Cidaris Courleaudina (Cott.).
Rabdocidaris maxima (Desor.).

Lima proboscidea (Sow.)
Lima duplicata (Desh.).
Pecten silenus (d'Orb.).
    —   *articulatus* (Schlot.).
Ostrea Marshii (Sow.).
Terebratula carinata (Lamk.).
Pentacrinus bajocensis (d'Orb.).
Siphoneudea entrochorum (de Ferry).
Cupulochonia subhelvelloïdes (de Ferry).

Le calcaire à entroques fournit les meilleures pierres de taille et de murure du pays. Partout où il se montre on a ouvert des carrières. Il fournit aussi le marbre rouge ou marbre de Flacé, dit *petit granite*.

A Solutré (sur la croupe du mont de Pouilly), il existe à ce niveau une fente de huit à dix mètres de large remplie par du carbonate de chaux cristallisé, blanc, veiné de jaune, de rouge et de brun, jadis exploité comme marbre et utilisé dans les verreries.

Son épaisseur, à Solutré, est de 40^m.

Localités types : Les escarpements de Solutré et de Vergisson.

4. — Calcaire à Polypiers.

Calcaire cristallin, compacte, dur, à pâte fine, généralement blanche et saccharoïde. Il renferme assez abondamment de la silice qui a imprégné les fossiles de ce terrain et particulièrement les polypiers.

Il doit son origine à des récifs de polypiers qui couvrirent une partie de la région après le dépôt du calcaire à entroques. Ils formaient sans doute, en avant du Massif central, des récifs littoraux sous 40 à 45^m d'eau, comme leurs congénères actuels des mers tropicales.

Les principaux fossiles sont :

Pecten articulatus (Schlot.)
Rhynchonella quadriplicata (Ziet)
Cidaris Courteaudina (Cott.)
Confusastræa ornata (de From.).
    —   *consobrina* (d'Orb.)
Isastræa Bernardana (Edw. et
    Haime).
Latimeandra decipiens (Ferry).

Thecosmilia ramosa (d'Orb.)
Cladophyllia Babeauana (Edw.
    et Haime).
Thamnastræa M'Coyi (Edw. et
    Haime).
Goniocora prima (de From.).
Microsolena dendroïdea (de Ferry)

Les récifs de polypiers n'étaient pas continus dans la région qui nous occupe. Ils surmontent, dans la seconde chaîne, les sommets de Solutré, Vergisson, *Saint-Claude* (Prissé), *la Cra* (Milly), *Monsard* (Bussières), *la Croix-Blanche* (Sologny), Berzé-la-Ville et *Vaux-Pré* (Verzé). On les retrouve au S.-E. de Saint-Sorlin, puis dans la chaîne bajocienne qui commence à *la Grisière* (Flacé) et se prolonge jusqu'à Senozan. Ils manquent dans la chaîne médiane de Charnay à Laizé, où le calcaire à entroques se trouve immédiatement surmonté par le bajocien supérieur. Dans le calcaire à l'O. de Salornay, on voit le calcaire à polypiers remplacé par un calcaire sableux formé de feuillets variant de 0^m 02 à 0^m 10 et offrant une épaisseur totale de 8^m.

Le calcaire à polypiers forme des sommets incultes. La silice dont il est imprégné le rend très dur, très inaltérable et généralement impropre à la taille.

Cependant on y a ouvert, sur des points où la silice est moins abondante, des carrières qui fournissent d'excellents matériaux (Saint-Martin-de-Senozan).

Epaisseur moyenne, 25^m.

Localité type : Milly, O. (*la Cra*).

3. — Calcaire à Terebratula Phillipsii.

Des lits boueux, accompagnés d'émissions ferrugineuses qui envahirent les récifs de polypiers, mirent fin à leur existence. A ces premières couches, fréquemment zonées de jaune, de bleu, de rouge, succède un calcaire[1] finement grenu, marneux, tendre, jaunâtre où commence à se montrer une faune nouvelle. La silice est moins abondante que dans les couches à polypiers ; mais elle ponctue encore le test des fossiles, sous la forme de fines orbicules calcédonieuses.

Les principaux fossiles sont :

Belemnites gigantea (Schlot.).	*Mytilus reniformis* (d'Orb.)
— *unicanaliculata* (Hart.)	*Avicula digitata* (Ed. Deslong.).
— *sulcatus* (Miller).	*Ostrea acuminata* (Sow.)
Ammonites Truellis (d'Orb.)	*Rhynchonella quadriplicata* (d'Orb)
— *Niortensis* (d'Orb.)	— *plicatella* (d'Orb.)
— *Martinsii* (d'Orb.)	*Terebratula emarginata* (Sow.)
— *subradiatus* (Sow.)	— *carinata* (Lamk.).
— *Humphriesianus* (Sow.)	— *Phillipsii* (Davids.).
— *Garantianus* (d'Orb.)	— *ventricosa* (Ziet.).
Ceromya abducta (d'Orb.)	

[1] Ce calcaire surmonte parfois immédiatement le calcaire à polypiers, comme *à la Cra* de Milly.

Cette zone se montre partout à la suite du calcaire à entroques et du calcaire à polypiers, quand il existe., sur la pente de nos collines bajociennes tournée à l'est.

On a commencé depuis quelques années à la mettre en culture. Elle forme de bonnes terres à vignes, souvent froides à cause de leur altitude.

Epaisseur moyenne de la zone fossilifère, 1^m à 1^m 50.

Localités types : les carrières de *Monsard* (Saint-Sorlin), la montagne de *la Cra* (Milly, O.)

6. — Calcaire à Ammonites Parkinsoni (terre à Foulon).

Des lits assez puissants de calcaires marneux blancs jaunâtres (35^m) à peu près sans fossiles, témoins probables d'une période d'affaissement, succèdent à la couche précédente. Puis le sol se relève au niveau du balancement des marées et l'on voit apparaître des zones ferrugineuses oolithiques où les fossiles redeviennent abondants. Ces zones se terminent par un petit banc percé par les lithophages, par dessus lequel vient un conglomérat ferrugineux formé de fossiles roulés et d'oolithes calcaires. Puis commencent les calcaires marneux blancs jaunâtres de la base du bathonien.

Notre calcaire à *Ammonites Parkinsoni* accompagne, comme le calcaire à *T. Phillipsii* auquel il fait suite, les affleurements bajociens. Ses qualités agricoles sont les mêmes.

Fossiles principaux :

Serpula limax (Goldf.).	*Ammonites Garantianus* (d'Orb.)
— *filaria* (Goldf.).	— *Blagdeni* (Sow.)
— *socialis* (Goldf.).	*Panopœa jurassi* (d'Orb.)
Bolina etalloni (Ferry).	*Pholadomya Murchisoni* (Ag.).
Ammonites Parkinsoni (Sow.).	*Trigonia costata* (Sow.).
— *interruptus* (Brug.)	*Mytilus reniformis* (d'Orb.)

13

Pecten Hedonia (d'Orb.).	*Terebratula Phillipsii* (David).
— *vagans* (Sow.)	— *Ferryi* (E. Desl.).
Ostrea acuminata (Sow.).	— *globata* (Sow.)
Rhynchonella varians (E. Dels.)	— *emarginata* (Sow.).
— *spinosa* (Phill.).	— *carinata* (Lam.).
— *quadriplicata* (d'Orb)	*Collyrites ringens* (Cott.).

Le calcaire à *A. Parkinsoni* a été identifié par MM. de Ferry et Berthaud avec le ciret du *Mont-d'Or* lyonnais d'une part, et l'oolithe ferrugineuse de Bayeux ou terre à foulon des géologues normands, d'autre part. Ses caractères paléontologiques sont, en effet, très franchement bajociens. Si quelques espèces passent dans le bathonien, si l'*Ostrea acuminata* s'y trouve accidentellement, on n'est pas autorisé pour cela, comme l'a très justement fait remarquer M. Berthaud, à l'assimiler au *fuller's earth*, ou marnes à *Ostrea acuminata* qui forment le bathonien inférieur[1] des géologues anglais.

L'épaisseur totale du bajocien supérieur est évaluée, par M. Berthaud, à 40^m. J'ai trouvé, à la zone à *A. Parkinsoni* et à *Collyrites ringens*, une épaisseur assez constante d'environ 6^m 50.

Localités types : Pouilly, O., croupes des roches de Solutré et de Vergisson ; la tranchée du chemin de fer, entre Prissé et *Collonges ; la Cra de Milly*.

X.

ÉTAGE BATHONIEN.

Le bathonien fait suite au bajocien en stratification concordante. Il se compose de zones alternativement mar-

---

[1] Voir DE FERRY : *Mémoire sur le groupe oolithique inférieur des environs de Mâcon.* (Extrait des Mémoires de la Société linnéenne de Normandie ; t. XII ; Caen 1861, p. 36 et suiv.)

BERTHAUD : *Description géologique du Mâconnais* ; Mâcon, 1871, p. 155 et suiv.

neuses ou compactes et constitue à la suite de la terre à
foulon la plupart des coteaux tournés à l'est. Il n'est pas
oolithique dans notre région. Aussi serait-il impropre de
lui appliquer la dénomination de grande oolithe qu'il a
reçue ailleurs.

Il se montre faiblement dans le premier chaînon, à Milly
et à Berzé-la-Ville, N., où il forme un petit plateau entre
Berzé et *Vaux-Verzé.*

Dans le second chaînon, il prend une plus grande
importance à Fuissé, Solutré, Vergisson, Davayé, Prissé,
Saint-Sorlin et Verzé.

Une faille en ramène un petit lambeau isolé au fond du
vallon au N. de *Nancelles.*

Dans le troisième chaînon, il se montre faiblement à
Vinzelles, E., au *moulin de Balme* (Charnay), le long des
coteaux de Charnay, Hurigny et Laizé.

Dans le dernier chaînon, il n'est représenté que par des
lambeaux à Flacé, Sancé et Sennecé. Il ne se montre ni à
Saint-Martin, ni à Senozan. Outre que les grands courants
tertiaires et quaternaires qui ont sillonné la vallée de la
Saône, dont il forme l'un des flancs (rive droite); lui ont
fait subir de puissantes érosions, ses affleurements se
trouvent masqués sous les alluvions plus récentes.

Le bathonien forme d'excellentes terres à vignes, grâce à
la facilité avec laquelle il se désagrège à la surface.

Il fournit généralement de mauvais matériaux de construction, excepté à Fuissé et à Davayé, où il est exploité
comme pierre de murure.

Sa puissance moyenne, d'après M. Berthaud, serait de
90^m. Je l'ai mesuré très exactement à Solutré (croupe de *la
Roche*), avec le concours de M. l'abbé Ducrost, et nous lui
avons trouvé sur ce point 97^m 15.

Il se divise naturellement en cinq zones :

Étage bathonien
- supérieur
  - Calcaire roux (Cornbrash).
  - Calcaire à pholadomies. — Bradfordclay.
  - Marnes à rhynchonelles. — Bradfordclay.
- moyen.
  - Calcaire à oursins (couche de Solutré).
  - Calcaire compacte.
- inférieur. — Calcaire marneux blanc jaunâtre.

1. — Calcaire marneux blanc jaunâtre.

L'étage bathonien commence par des calcaires marneux blanc jaunâtre, en bancs peu épais, se désagrégeant assez facilement et propres à la culture.

Les fossiles de cette première zone sont ceux d'une zone littorale :

Ammonites linguiferus (d'Orb.)
— *arbustigerus* (d'Orb.)
— *planula* (d'Orb.).

Ammonites Subbackeriæ (d'Orb.)
— *bullatus* (d'Orb.).
Dysaster ovalis (Desor.).

Elle se voit à peu près partout où j'ai signalé l'étage bathonien.

Son épaisseur est de 40 ^{m} 40 à Solutré.

Localités types : Solutré, E. (sur la route neuve), Davayé (carrières au S.), *Escolles*, O. (Verzé).

2. — Calcaire compacte.

Par dessus ces premiers bancs marneux vient un calcaire compacte qui offre deux faciès bien différents, suivant les localités où on l'étudie.

Dans la région sud, à Fuissé, Solutré, Davayé, Vergisson, Prissé, Charnay (sud), c'est un calcaire rugueux très dur, cristallin, gris ou rougeâtre, parsemé de mouchetures ferrugineuses brunes et pétri de rognons siliceux. Il a un peu l'aspect du calcaire à polypiers bajocien. Ses bancs supérieurs, lorsqu'ils ont été exposés aux agents atmosphériques, présentent des perforations nombreuses et d'un aspect très caractéristique. Il se décompose en un terrain argileux rempli de chailles siliceuses, très développé sur les collines à l'O. de Fuissé et de Poullly, et très favorable à la vigne.

Le plus souvent, ce calcaire rugueux forme des crêtes rocheuses incultes.

Il renferme peu de fossiles. C'est le gisement d'une petite posidonie (*Posidonia Parkinsoni*, Quenstedt) qui y forme souvent lumachelle. Parmi les rognons siliceux qui se trouvent abondamment à la partie supérieure, on a cru reconnaître des spongiaires appartenant aux genres *Discælia* et *Siphonocælia* (de Fromentel)[1].

Au nord des localités nommées plus haut, le calcaire rugueux est remplacé par un calcaire blanc jaunâtre ou grisâtre, faisant suite à la zone inférieure et également peu fossilifère. A l'O. d'*Escolles* (Verzé), ce calcaire devient gris bleuâtre à sa partie supérieure et renferme quelques débris charbonneux de végétaux.

Epaisseur à Solutré : 12^m 45.

Localités types : Pour le calcaire rugueux, Fuissé O. (lieu dit *les Châtaigniers*) et pour le calcaire marneux, le coteau à l'O. d'*Escolles* (Verzé).

3. — Calcaire à Oursins.

Aux calcaires précédemment décrits succède une petite zone marneuse, fissile ferrugineuse et très fossilifère, surtout à Fuissé, Solutré et Vergisson.

[1] De Ferry : *Note sur les crustacés et les spongiaires de la base de l'étage bathonien des environs de Mâcon.* Caen, 1865.

On y trouve principalement :

Belemnites sulcatus (Mill.).
Ammonites Subbackeriæ (d'Orb.).
— *discus* (Sow.).
— *hecticus* (Rein.).
Panopœa decurtata (Phill.).
Pholadomya bellona (d'Orb.).
— *acuticosta* (Sow.)
Goniomya angulifera (Sow.).
Isocardia minima (Phill.).

Mitylus gibbosus (Sow.).
Pecten vagans (Sow.).
Plicatula fistulosa (Morris et Lycett.).
Terebratula globata (Sow.).
Rhynchonella spinosa (d'Orb.).
Collyrites ovalis (Cott.).
Hyboclypus giberrulus (Agass.)
Anabalia orbulites (d'Orb.)

L'épaisseur de cette zone est de 2^m 50 à Solutré.

Elle borde généralement les cultures interrompues par le calcaire compacte (n° 2).

Localité type : Solutré E., chemin tendant de *la Roche* aux *Nazarets* (Davayé).

4. — Marnes à Rhynchonelles.

Sur la couche à oursins reposent des calcaires marneux feuilletés passant à des marnes grisâtres, faciles à détremper, sujettes à des glissements dont on peut voir de nombreux exemples à l'O. de *Chazoux* (Hurigny).

On y trouve :

Ostrea costata (Sow.).
Terebratula cardium.
— *intermedia* (Sow.)

Rhynchonella Boueti.
Hemicidaris Luciensis (d'Orb.).
Acrosalenia spinosa (Agass.).

M. de Ferry y signale la *Rhynchonella Boueti* comme particulièrement abondante.

Ces marnes forment des terres à vignes humides et fortes, de qualité assez médiocre. Les débris du bathonien inférieur qui les recouvrent généralement sous forme de terrain d'éboulis désagrégé leur servent d'amendement.

Leur épaisseur, à Solutré, est de 34^m 20, y compris les calcaires marneux (8^m 40).

Localités types : Chemin tendant de la roche de Solutré aux *Nazarets*, chemin tendant de *Chazoux* à Chevagny.

5. — Calcaire à Pholadomies (Bradfordclay).

Les marnes se terminent par un calcaire jaunâtre marneux, lamellaire, se désagrégeant facilement et qui paraît représenter le *Bradfordclay* des Anglais.

Ce calcaire est bien caractérisé par l'abondance des pholadomyes, qu'on y trouve dans leur position normale d'existence.

Les fossiles principaux sont :

Ammonites Subbackeriæ (d'Orb)
— *hecticus* (Rein.).
Pholadomya Vezelayi (Lajoie.).
— *deltoidea* (Sow.).
Ceromya similis (Morr. et Lyc.)
Mytilus gibbossus (Sow.).

Terebratula coarctata (Sow.).
— *intermedia* (Sow.)
Pecten vagans (Sow.).
Ostrea costata (Sow.).
— *bathonica* (d'Orb.)

Epaisseur à Solutré : 4 ^{m} 40.

Localités types : Chemin tendant de la roche de Solutré aux *Nazarets* (Davayé, S.), route de *Chazoux* à Chevagny.

6. — Calcaire roux (Cornbrash).

Le bathonien se termine par une zone peu épaisse de calcaires roux, compactes, très durs, moins fossilifères que les calcaires du *Bradfordclay*, mais renfermant à peu près les mêmes espèces.

Le calcaire roux est couronné par un banc perforé par les lithophages, lequel se couvre, à sa partie supérieure, de grandes huîtres (*O. Bathonica*). C'est la dalle nacrée.

On y trouve :

Pholadomya acutecarinata (Berthaud).
Ceromya striata (Sow.).
Trigonia costata (Sow.).

Isocardia minima (Phill.).
Lithodomus inclusus (d'Orb.).
Isastrœa moneta (d'Orb.).

Le calcaire roux est impropre à la culture à cause de sa dureté. Il forme, comme les calcaires compactes, des crêtes rocheuses stériles, généralement occupées par des chemins.

Il n'a pas une puissance suffisante pour être exploité comme pierre de construction.

Epaisseur à Solutré : 3^m 20.

Localités types : Chemin tendant de la roche de Solutré aux *Nazarets* (Davayé, S.), route de *Chazoux* à Chevagny et les coteaux à l'O. de *Chazoux*.

XI.

ETAGE CALLOVIEN.

Les couches perforées qui terminent le bathonien indiquent un changement de niveau, c'est-à-dire un léger soulèvement du fond des mers. Mais il n'y a pas eu de dislocation. Les dépôts du callovien les recouvrent en stratification concordante. Ils consistent en marnes et en calcaires marneux peu compactes, impropres à servir de pierres de construction, très gélifs, faciles à mettre en culture.

Les variations de la faune indiquent, pendant cette période, de faibles oscillations du sol et des mers peu profondes.

Le callovien forme des terres à vignes de qualite médiocre, humides, sujettes à la gelée. C'est qu'en effet, il occupe toujours avec les marnes oxfordiennes des fonds de vallées ou des-coteaux bas. Aussi se trouve-t-il généralement en prairie.

Il ne paraît pas dans le premier chaînon.

Dans le second chaînon, il est bien développé à Fuissé; puis il se montre à *Pouilly*, à Davayé (*Sur-les-Bruyères*, *en Nazaret* et dans le petit vallon à l'O. de l'église et du sommet 304); sur la croupe de la roche de Solutré ; à Prissé, O. (*Saint-Claude*), et forme enfin une bande non interrompue qui, depuis le hameau des *Touziers* (Saint-Sorlin), suit à peu près la route tendant de Saint-Sorlin à Verzé.

Il reparaît, par suite d'une faille, à *Somméré, Montceau* et *Collonges.*

Dans le troisième chaînon, il forme une bande continue de *Levigny* (Charnay) à Laizé.

Dans le quatrième chaînon, il se montre seulement à Flacé (*Grand-Four*) et sur la route de Sennecé à la Saône, un peu en avant du village.

M. Berthaud l'a signalé à Mâcon, dans des fouilles qu'il a vu faire, place de la Barre.

Le callovien se divise en trois zones :

Étage callovien
- supérieur : calcaire jaune à ammonites.
- moyen : marnes jaunes à lumachelle ferrugineuse.
- inférieur : marnes grises à *A. macrocephalus.*

1. — Marnes grises à Ammonites macrocéphalus.

Calcaire très marneux, gris ou jaunâtre, passant rapidement à des marnes bleuâtres (*Salornay*) ou jaunâtres (*Chazoux*, O.) souvent parsemées d'oolithes ferrugineuses.

On y trouve :

Serpula socialis (Goldf.).	*Rhynchonella spathica* (Lam.).
Ammonites macrocephalus (Sch.)	— *Ferryi* (E. Deslong.)
— *Herveyi* (Sow.).	*Terebratula reticulata* (Sow.).
— *anceps* (Rein.).	— *dorsoplicata* (Suess)
— *coronatus* (Brug.).	*Waldheimia pala* (de Buch.).
— *Backeriæ* (Sow.).	— *biappendiculata* (E Deslong.).
Pecten vagans (Sow.).	
Rhynchonella varians (Schloth.).	*Dysaster ellipticus* (Agass.).

C'est une faune de plage peu profonde.

Epaisseur : 4 à 5 ^{m} (4 ^{m} à Solutré).

Localités types : route de Davayé à Solutré (*les Nazarets*); coteau à l'E. de *Salornay* (Hurigny) dans le chemin qui descend à *Franclieu; Chazoux*, O.

2. — Marnes jaunes à lumachelle ferrugineuse.

Les marnes qui forment la partie moyenne de l'étage deviennent très ferrugineuses. On y observe des couches formées par un agrégat de petits fossiles ferrugineux (nucules, possidonies, astartes, pleurotomaires, etc.), dont le test a généralement disparu en laissant un vide à sa place.

Les coquilles flottantes sont assez rares pendant cette période.

Epaisseur : 25 à 30 ^{m} en moyenne, d'après M. Berthaud, mais, à Saint-Sorlin (*les Touziers*), la totalité de l'étage n'ayant pas 30 ^{m}, ces marnes sont réduites à 14 ^{m} environ , d'après des mensurations que j'y ai relevées.

Localité type : Le chemin creux descendant de *Salornay*, E. (Hurigny) à *Franclieu*.

3. — Calcaire jaune à Ammonites.

A la partie supérieure, les marnes passent à des calcaires lamellaires jaunâtres qui se terminent par quelques bancs plus compactes (1 ^{m}) très fossilifères et remarquables par l'abondance des dépouilles d'ammonites.

Ammonites anceps (Rein.).	*Pholadomya inornata* (Sow.).
— *calloviensis* (d'Orb.)	*Trigonia elongata* (Sow.)
— *lunula* (Ziet.).	*Isocardia tenera* (Sow.).
— *Jason* (Ziet.).	*Mytilus gibbosus* (d'Orb.).
— *coronatus* (Brug.).	*Ostrea dilatata* (Desh.).
Panopœa Elea (d'Orb.).	— *Marshii* (Sow.)
Pholadomya decussata (Agass.)	*Rhynchonella Royeriana* (d'Orb.).
— *carinata* (Goldf.)	*Terebratula intermedia* (Sow.).

Epaisseur : 10^m d'après M. Berthaud.

Localité type : *Salornay*, E. (*Chazoux*) dans le chemin descendant à *Franclieu*. Sur ce point, on relève la coupe que voici pour la totalité de l'étage :

Calcaire compacte à ammonites	3	»
Calcaire feuilleté marneux	16	»
Marnes	19	50
PUISSANCE TOTALE	38	50

XII.

ÉTAGE OXFORDIEN.

Le régime marneux, que nous avons vu commencer avec le bathonien supérieur, continue. L'oxfordien débute par des marnes grises ou bleuâtres qui recouvrent le callovien en stratification concordante. Puis, par dessus les marnes, se développe un calcaire compacte, grisâtre, blanc jaunâtre ou blanc, à pâte fine.

Les marnes forment le fond de la vallée oxfordienne. Elles constituent un sol humide, généralement cultivé en prés. Le calcaire supérieur aux marnes est bon pour la vignes. Il est gélif et se désagrège facilement.

Le terrain oxfordien ne se montre pas dans le premier chaînon.

Dans le second chaînon, on le trouve à Fuissé, *Pouilly*, Solutré, Davayé (sur *les Bruyères*, vers *le Château*, à l'O. et au N. de l'église), Charnay (*Saint-Léger*); Prissé (sommet 304); puis au fond de la grande vallée qui s'ouvre de Saint-Sorlin à Verzé et sur le flanc de cette vallée tourné à l'ouest. Une faille le ramène à *Somméré*, *Montceau*, *Collonges* (Prissé).

Dans le troisième chaînon, on le voit pointer sous des

alluvions plus récentes à *la Lie* (Charnay), *aux Crais*, à *la Chanaye* (Saint-Clément-lès-Mâcon) et à Mâcon même, où il forme le promontoire rocheux sur lequel est assise la ville haute. Il se développe à *Levigny* (Charnay), *Chazoux* (Hurigny). Sur le plateau, entre Hurigny et Laizé, il est généralement recouvert par une alluvion argileuse, mais il reparaît *en Naisse*. Il se montre enfin à Charbonnières relevé contre la faille (*les Gaillards*).

Enfin, dans le quatrième chaînon, il forme en grande partie le sous-sol du plateau d'alluvion qui s'étend sur la rive gauche de la Saône, au pied du coteau bajocien de Flacé à Senozan. Il pointe çà et là et se montre surtout sur les bords érodés du plateau aux *Perrières* (Flacé), à *Vallière* (Sancé) et à Saint-Jean.

Les calcaires compactes sont exploités comme pierre à chaux de bonne qualité à *Vallière* (Sancé), *aux Perrières* (Flacé), à Saint-Clément-lès-Mâcon et à *Levigny* (Charnay).

Nous diviserons l'oxfordién en deux zones :

Étage oxfordien { supérieur : calcaire blanc jaunâtre.
inférieur : marnes grises.

1. — Marnes oxfordiennes.

Ces marnes, se trouvant toujours en culture et recouvertes de terrains d'éboulis ou bien gazonnés, sont difficiles à observer ailleurs que sur les points où des travaux les ont mises à découvert. Elles renferment quelques cristaux de gypse et un grand nombre de fossiles pyriteux :

Belemnites hastatus (Blainv.).	*Ammonites oculatus* (Bean.).
Ammonites cordatus (Sow.).	*Terebratula bicanaliculata* (d'Orb)
— *plicatilis* (Sow.).	*Hemithyris senticosa* (d'Orb.).
— *Arduennensis* (d'Orb.)	*Nucleolites scutatus* (Lamk.).
— *perarenatus* (d'Orb.)	*Pentacrinus pentagonalis* (Mill.)
— *crenatus* (Brug.).	

L'épaisseur moyenne des marnes est de 30^m d'après M. Berthaud.

Localités types : Le chemin tendant de *Salornay* à *Franclieu* (Hurigny); *les Bruyères* (Davayé).

2. — Calcaire compacte.

Par dessus les marnes grises règnent d'abord des calcaires marneux où abondent des spongiaires (on pourrait en faire un sous-étage *spongitien*).

Ces calcaires à spongiaires passent, après quelques alternances de marnes, à des calcaires plus compactes formant des bancs qui se délitent facilement. Ils sont stériles à la partie supérieure. Dans leur partie moyenne les espèces se trouvent disséminées sans former de zones bien distinctes. Mais à la partie supérieure les fossiles deviennent plus nombreux et sont répartis par zones. Ainsi, certains bancs des carrières de Saint-Clément-lès-Mâcon sont pétris d'astartes (*A. minima*, Goldf.) et de pholadomyes, particulièrement la *P. Cor* (Agass.). Cette progression indique un exhaussement du sol.

Voici les principales espèces du niveau supérieur, qui paraît correspondre à l'*argovien* des géologues suisses :

Pholadomya cor (Agass.).	*Astarte minima* (Phill.).
— *paucicosta* (Rœm.)	*Ostrea dilatata* (Desh.).
— *flabellata* (Agass.)	*Pinna lanceolata* (Sow.).
— *Hugii* (Agass.)	*Myoconcha Rathieriana* (d'Orb.)
— *cingulata* (Agass.)	*Pecten subarmatus* (Münst.).
Cercomya antica (Agass.).	*Dysaster capistratus* (Agass.).

Ces calcaires sont gélifs et impropres à faire des matériaux de construction. Mais ils sont exploités sur plusieurs points déjà cités, comme pierre à chaux (chaux grasse, chaux maigre et chaux hydraulique).

Epaisseur moyenne : 50^m.

Localités types : Carrières des *Perrières*, de *Levigny*, de *Vallières*, de Saint-Clément-lès-Mâcon.

XIII.

ÉTAGE CORALLIEN.

Le régime qui donna naissance aux calcaires à pâte fine et blanche que nous avons vus se développer à la partie supérieure de l'oxfordien, s'accentue de plus en plus avec le corallien. A l'exception d'une zone grumeleuse qui fait le passage entre les deux étages et correspond à un soulèvement de peu de durée, et de quelques zones oolithiques, la majeure partie de nos calcaires coralliens est crayeuse ou à texture dite lithographique.

Comme l'oxfordien, le corallien manque dans la première chaîne.

On le trouve dans la seconde chaîne, à Fuissé (*Beauregard*), *Saint-Léger* (Charnay), Davayé (*la Croix-Senaillet*, *les Péguins*), au sommet 304, entre Davayé et Prissé. Puis on le voit réapparaître sur la rive gauche de la petite Grosne, contre la troisième faille, non loin de la gare de Prissé et se prolonger au nord où il couvre une large surface, comprise entre les points suivants : *Mouhy*, *Collonges*, *les Boutéaux*, *la Rochette de Saint-Sorlin* (427^m), Verzé, E. (sommet 327), les bois de *Malessard*, de *Verchiseuil* et de *Verzé*, *Nancelles*, Chevagny, S.

Dans la troisième chaîne, il forme le flanc exposé à l'est des coteaux de Levigny, *Chazoux*, Hurigny, et se prolonge jusqu'en *Naisse*. Il se montre relevé contre la 4ᵉ faille à *la Grisière*, O. (Flacé), entre *la Sénetrière* et Sennecé ; puis à Charbonnières (clos de M. Garnier), relevé contre la faille.

Enfin, dans la quatrième chaîne, on voit affleurer seulement la zone inférieure, le long du petit coteau au pied duquel passe le chemin de fer de Paris à Lyon, depuis *les Perrières* (Flacé) jusqu'à *Châtenay* (Sancé).

La puissance totale de l'étage, mesurée à *Nancelles* (Saint-Sorlin), est d'environ 108 ^{m}.

Nous le diviserons ainsi :

Étage corallien
- supérieur
  - Calcaires lithographiques.
  - Calcaire crayeux ou oolithiques.
- moyen.
  - Calcaire feuilleté blanc jaunâtre.
- inférieur.
  - Calcaire à pholadomies.
  - Calcaire à *Ammonites bimammatus.*

Localités types : Saint-Sorlin, *la Rochette* et la nouvelle route de *Nancelles* à Hurigny.

1. — Zone à Ammonites bimammatus.

Cette zone inférieure se compose de calcaires grumeleux blancs, grisâtres, parsemés de mouchetures ferrugineuses brunes, rougeâtres ou roses, alternant avec des couches marneuses.

M. Tombeck a montré que cette zone correspond à l'argile à chailles ou *Crenularis schichten* de la Suisse et du Jura, aux zones à *Ammonites bimammatus* et *A. tenuilobatus* des géologues français (bien que cette dernière n'y ait pas encore été signalée).

Elle est très fossilifère et représente une formation littorale. Nous citerons :

Ammonites bimammatus (Oppel).	*Goniomya marginata* (Agass.).
— *Achilles* (d'Orb.).	*Trigonia clavellata* (Sow.).
Pholadomya obliqua (Agass.).	*Lima læviuscula* (Desh.).
— *paucicosta* (Rœm.)	*Pecten vimineus* (Sow.).
Panopæa sinuosa (d'Orb.).	*Ostrea gregaria* (Sow.)

Ostrea spiralis (d'Orb.).	*Rhynchonella inconstans* (d'Orb.)
— *Bruntutana* (Thurm.).	*Cidaris florigemma* (Phill.).
Terebratula ellyptoïdes (Mœsch.).	— *coronata* (Goldf.).
— *insignis* (Schübl.).	*Apiocrinus Royssianus* (d'Orb.).
— *vicinalis* (Schlot.).	*Scyphia elegans* (Goldf.).
Megerlea Fleuriausa (d'Orb.).	

Cette zone est épaisse de 5 à 6 mètres.

C'est une roche impropre à aucun usage, difficile à mettre en culture. Les défrichés s'arrêtent généralement à ce niveau des collines coralliennes dont les sommets restent incultes ou en bois taillis.

Elle passe à des calcaires plus compactes (3^m 50), pétris de brachiopodes, terebratules et rhynchonelles, qui forment eux-mêmes le passage à la zone suivante.

Localités types : *la Rochette* (Saint-Sorlin), carrières de *Levigny* (Charnay), *la Croix-Senaillet* (Davayé).

2. — Calcaire à Pholadomyes.

Ce calcaire reproduit le type des calcaires compactes de l'oxfordien supérieur. On y voit reparaître de nombreuses pholadomyes et notamment :

Pholadomya paucicosta (Rœm.)	*Panopœa sinuosa* (d'Orb.).
— *obliqua* (Agass.).	*Perna.*
— *tenera* (Agass.).	

Son épaisseur est d'environ 8^m 45.

Localité type : carrières du sommet 327 à l'est d'*Escolles*.

3. — Calcaire feuilleté blanc jaunâtre.

Par dessus vient une série puissante de calcaires feuilletés très peu fossilifères. A huit mètres de leur base, ils sont interrompus par une zone de 1 mètre environ toute pétrie de débris silicifiés d'*O. Bruntutana* formant un niveau très constant.

A *Nancelles*, ces calcaires ont environ 49.^{m} de puissance.

La nouvelle route de *Nancelles* au *Gros-Mont* en offre une très bonne coupe.

Ils sont sans emploi et restent généralement incultes.

4. — Calcaire crayeux oolithique.

Aux calcaires feuilletés succèdent des calcaires compactes en bancs épais, tantôt tendres et crayeux (Saint-Sorlin, N.-E., sommet 382 ; *la Lie*, sommet 314 ; Chevagny, S.), tantôt à fines oolithes (Flacé, N.) ou à grosses oolithes (carrières de *la Lie*, sommet 314), tantôt durs, éburnés, à cassures conchoïdales.

Cette zone, qui paraît s'être formée dans une mer profonde et présente une épaisseur moyenne d'environ 13 mètres, contient des fossiles assez abondants, mais peu variés :

Pholadomya paucicosta (Rœm.)	*Rhynchonella inconstans* (d'Orb.)
Terebratula subsella (d'Orb.).	*Goniomya marginata* (Agass.).

Ce corallien compacte est exploité comme pierre de taille, mais de qualité inférieure à cause des nombreuses vacuoles dont il est parsemé. Sa dureté est inégale. Il renferme souvent des tubulures remplies de calcaire plus tendre et les affleurements exposés depuis longtemps à l'action des agents atmosphériques apparaissent à la surface du sol sous la forme de bancs perforés. On y trouve cependant quelques bancs de bonne qualité pour la taille. On les a particulièrement recherchés au moyen âge et à l'époque romaine. Après quelques siècles d'exposition à l'air, ce calcaire se colore d'un beau ton de rouille jaunâtre, très chaud, comme les marbres du Panthélique.

Localités types : carrières de *la Lie* (Saint-Sorlin, E., sommet 314), carrières d'Hurigny, E.

8. — Calcaire lithographique.

On voit dans les carrières de *la Lie*, le long de la route de *Nancelles* au *Gros-Mont* et ailleurs, les bancs compactes du corallien crayeux recouverts par des calcaires lithographiques très durs, à pâte fine, blanche, éburnée ou veinée de rose et de jaune, disposés en petits bancs minces et fendillés.

MM. Berthaud et de Ferry en faisaient du calcaire à astartes, c'est-à-dire la base du kimmeridgien. Leur pauvreté en fossiles ne permet pas de résoudre la question d'une manière absolue ; cependant je ne vois aucune raison pour ne pas en faire la suite et la partie supérieure de notre corallien.

Au sommet de cette formation, dans une petite couche d'environ $0^m 20$, on voit reparaître de nombreux débris de brachiopodes, et je crois avoir retrouvé au même niveau, à Chevagny, le *Diceras arietina*.

D'après les mensurations que j'ai opérées à *Nancelles*, ces calcaires auraient environ 28 mètres de puissance.

XIV.

ÉTAGE KIMMÉRIDGIEN.

Notre terrain kimmeridgien, assez peu développé, repose en stratification régulière sur le corallien. Mais il offre, à sa partie supérieure, les traces d'importantes dénudations.

On le voit pointer sous l'argile à silex, dans le deuxième chaînon, à Saint-Sorlin (sommets 382 et 314), à *Nancelles*, à Chevagny, dans les bois de Verzé.

Dans le troisième chaînon, il apparaît en contact avec le calcaire à entroques et relevé contre la faille ; à *la Grisière*

(Flacé) et sur la route tendant de Sancé à Charbonnières ,
et enfin à Charbonnières, dans les bois à l'O. du village.

Il joue, à cause de son peu de développement, un rôle
insignifiant en agriculture et ne fournit pas de matériaux
de construction. A Chevagny, il est cultivé en vignes.

Sa puissance est d'environ 26 mètres.

Il se divise en quatre zones bien distinctes.

Kimmeridgien.

- Calcaire à ptérocères.
- Calcaire à nérinées.
- Calcaire marneux à diceras.
- Brêche ferrugineuse.

Quelques auteurs classeraient les zones 1 et 2 dans le
corallien supérieur ou *séquanien* du bassin de Paris. Mais,
en définitive, on va voir que toutes les affinités zoologiques
de ces couches convergent vers le calcaire à ptérocères (4),
qui est bien le ptérocérien ou kimmeridgien moyen. Les
zones 2 et 3 seraient donc l'équivalent du calcaire à
astartes [1].

1. — Brèche ferrugineuse.

Il se produit à ce niveau une modification très caractéristique dans l'aspect minéralogique des terrains et surtout
dans la faune. Au calcaire blanc jaunâtre, à pâte fine, qui
représenterait notre corallien supérieur, succède cette
brèche, formée aux dépens de la roche inférieure et dont le
ciment est coloré en rouge par des dépôts ferrugineux. Un
changement notable s'est donc produit dans le régime des
mers. De nouvelles espèces apparaissent et nous ne retrouvons plus nos espèces inférieures. La *Rynchonella incons-*

[1] M. Pellat a bien voulu, avec une parfaite obligeance, examiner les
fossiles de nos différentes zones, et c'est d'après ses déterminations que
je donne les listes qui suivent.

tans elle-même, si abondante à tous les niveaux de notre corallien, semble avoir à peu près disparu.

Pterocera Oceani (de la Bêche.).	*Ostrea solitaria* (Sow.).
— *fusoïdes* (Dolfuss.).	*Perna subplana* (Etallon).
Pholadomya hortulana (Agass.)	*Pinnigena Saussurii* (d'Orb.).
Ceromya excentrica (Agass.).	*Terebratula subsella.*

L'épaisseur de cette brèche, mesurée à *Nancelles*, est de 10^m 95.

Elle passe insensiblement à la zone suivante.

2. — Calcaire à Dicéras.

Ce sont des calcaires marneux, feuilletés, blancs jaunâtres, tachés de rouge. Ils passent à des calcaires compactes, très durs, à cassure vive, qui caractérisent la zone à nérinées.

A *Nancelles*, sur la route du *Gros-Mont*, on voit, dans la partie moyenne de cette zone, un petit banc de grès d'environ 0^m 40 de puissance, formé de débris de quartz et de feldspath agglutinés par un ciment calcaire.

On trouve à ce niveau, outre les fossiles de la zone précédente, des formes nouvelles.

Natica Rupellensis (d'Orb.).	*Hinnites.*
Cypricardia securiformis (Conte].)	*Diceras suprajurensis* (Thurm.).
Cardium Bannesianum (Thurm.)	— *minor* (Desh.).
Mitylus subæquiplicatus (Goldf.).	

L'épaisseur de cette zone est de 10^m 88.

D'abondantes nérinées commencent à se montrer à sa partie supérieure.

3. — Calcaire à Nérinées.

C'est un calcaire blanc, lithographique, à pâte très fine, très dure, perforé et présentant des vacuoles remplies par des cristaux de carbonate de chaux.

Il est pétri de nérinées et de quelques autres fossiles,

difficiles à détacher de la roche. Le test de tous ces fossiles est transformé en carbonate de chaux cristallisé. On y aperçoit des traces de polypiers.

Je n'ai pu déterminer avec exactitude aucune de nos nérinées. L'une d'elles, très caractéristique de ce niveau, paraît nouvelle.

L'épaisseur de la zone, à *Nancelles*, est de 1 ᵐ 50 seulement. On peut l'observer encore à Chevagny, N., à l'est de la route de *Nancelles*.

4. — Calcaire à Ptérocères.

Par dessus le calcaire à nérinées se montre d'une façon constante un calcaire marneux jaunâtre, très fossilifère, qui paraît représenter assez exactement le ptérocérien des environs de Montbéliard, c'est-à-dire le kimmeridgien moyen.

On y trouve :

Nautilus.
Nerinea.
Natica hemispherica (d'Orb.).
Pterocera Oceani (de la Bêche.).
   — *Thirriai* (Contejean).
Pholadomya Protei (Defr.).
   — *hortulana* (Agass.).
Ceromya excentrica (Voltz).
Thracia suprajurensis (Desh.).
Lavignon rugosa (Rœm.).
Trigonia muricata (Rœm.).
   — *suprajurensis* (Agass.)
Lucina

Isocardia striata (Agass.).
Cardium Pellati (de Loriol).
Mytilus jurensis (Rœm.).
   — *subæquiplicatus* (Goldf.)
   — *subpectinatus* (d'Orb.).
Lima spectabilis (Contej.)
Perna subplana (Etallon).
Pinnigena Saussurii (d'Orb.).
Ostrea solitaria (Sow.).
   — *Bruntutana* (Thurm.).
Pseudocidaris Thurmanni (Agass.)
Millericrinus.

A *Nancelles*, cette zone n'a que 3 ᵐ 40, mais elle a subi une dénudation à la partie supérieure. A Chevagny, elle paraît avoir au moins le double de puissance.

Localité type : Chevagny, vers le cimetière.

XV.

ÉTAGE PORTLANDIEN.

A Chevagny, sur la route de *Nancelles*, au dessous du sommet 310, on voit le calcaire à ptérocères surmonté de calcaires blancs, très fins, très durs, à cassure esquilleuse et conchoïdale, avec des vacuoles remplies de carbonate de chaux et perforés, représentant peut-être le portlandien. On y aperçoit des nérinées assez nombreuses et des traces de polypiers. Ces calcaires sont recouverts par l'argile à silex.

Vers le cimetière de Chevagny, le ptérocérien est surmonté directement par 2 à 3 mètres d'un calcaire sans fossiles, blanc grisâtre, grumeleux, très dur, à cassure irrégulière, pétri de grains de quartz et formant une sorte de mortier naturel. Il plonge sous le poudingue éocène, dont il sera question plus loin (ch. XV). Peut-être même appartient-il à la base du poudingue.

Les dénudations qu'a subies le jurassique supérieur des environs de Mâcon, le manteau d'argile à silex et les poudingues qui le recouvrent et le masquent en rendent l'étude difficile et incertaine. Cependant, sur les limites de la région que nous décrivons, on peut observer, le long de la route tendant du *Martoray* (Igé) à Saint-Maurice-de-Sathonay, une assez belle coupe que je rapporte également au portlandien. Ce sont des calcaires analogues à ceux de Chevagny, malheureusement stériles ou à peu près, mais offrant dans leur zone moyenne ces perforations si caractéristiques de l'étage portlandien. Ils reposent, d'ailleurs, en stratification régulière sur le ptérocérien. On y retrouve la petite nérinée que j'ai signalée dans le calcaire à nérinées de *Nancelles*.

Ce calcaire présumé portlandien présente une puissance d'environ 26 mètres et peut être subdivisé pétrographiquement en quatre zones :

1 Calcaire blanc lithographique très fin.............. 19ᵐ   »
2 Calcaire concrétionné, stalagmitique, très perforé ...   1   »
3 Calcaire blanc à cassure grenue.................   7   »
4 Calcaire blanc crayeux.......................   2   50

Ce banc crayeux est récouvert par l'argile à silex.

En l'absence de fossiles, il est bien difficile de se prononcer sur la véritable attribution de ces couches. Mais ce qui est bien certain, c'est qu'elles n'offrent aucun caractère qui permette de voir en elles le kimmeridgien supérieur ou virgulien, tandis qu'elles présentent, au contraire, des analogies bien évidentes avec les calcaires certainement portlandiens qui, au N. de Mâcon, à Tournus et à Vers, par exemple, prennent place entre le ptérocérien et le néocomien.

TERRAINS CRÉTACÉS.

XVI.

ÉTAGE NÉOCOMIEN.

L'existence du néocomien, bien démontrée aux environs de Chalon et de Tournus, est moins certaine dans la région de Mâcon.

Cependant on peut voir à *Nancelles*, sur le kimmeridgien et passant sous l'argile à silex, un petit lambeau de calcaires feuilletés, grenus, jaunâtres, offrant la plus grande analogie avec le néocomien de Vers ou du Chalonnais.

Souvent notre jurassique supérieur est recouvert par des dépôts ferrugineux consistant en fer géodique et en sables rougeâtres. A Chevagny, on a trouvé, à la base des exploitations d'argile à silex, des amas de fer oxydé hydraté, atteignant jusqu'à 0^m 50 d'épaisseur et dont quelques parties étaient pétries de fossiles (gastéropodes et bivalves) peu déterminables. M. Pellat, à qui j'ai soumis mes échantillons, croit y reconnaître des formes crétacées et les compare au fer géodique du néocomien inférieur de la Haute-Marne.

Je n'ai pas cru devoir faire figurer sur la carte ces lambeaux présumés crétacés. Outre qu'ils sont assez peu développés, ils sont toujours recouverts par l'argile à silex, qui les masque.

ÉPOQUE TERTIAIRE.

XVII.

ÉTAGE ÉOCÈNE.

Si l'existence du terrain crétacé à l'état de formation régulière n'est pas démontrée dans la région qui nous occupe, il y est du moins représenté d'une façon certaine sous la forme de matériaux remaniés à l'époque tertiaire et que nous allons décrire sous le nom d'argile à silex.

L'argile à silex, d'origine crétacée, recouvre partout, en Mâconnais, les terrains jurassiques supérieurs.

Si l'on considère qu'il subsiste, aux environs de Chalon (Fontaine), de Tournus (Vers), peut-être aussi autour de Mâcon, des lambeaux de crétacé supérieur (néocomien et gault) en stratification régulière sur le jurassique supérieur et que les principaux horizons paléontologiques du terrain crétacé sont représentés, comme on le verra tout à l'heure, dans les chailles siliceuses de l'argile à silex, on sera très autorisé à admettre que le crétacé a recouvert normalement cette région et qu'il a été en partie détruit par des phénomènes d'une puissance considérable.

Ces effets d'érosion n'ont pas attaqué seulement le terrain crétacé. Nous avons vu précédemment que le jurassique supérieur avait été lui-même très dénudé. Sur un grand nombre de points, il n'est rien resté des assises kimmeridgiennes et l'argile à silex repose parfois directement sur le corallien.

L'argile à silex et les poudingues calcaires, dont nous parlerons plus loin, sont le résidu de ces vastes dénudations qui ont pris place de toute évidence après l'époque crétacée. Comme, de plus, l'argile à silex et les poudingues ont été affectés par les failles et que ces failles datent (nous le démontrerons ch. XVII, 3) de l'époque éocène inférieure, l'âge géologique de nos argiles à silex se trouve limité entre la fin de l'époque crétacée et le début des temps tertiaires. Elles sont donc éocènes.

On ne les trouve pas dans le premier chaînon.

Dans le second chaînon, elles occupent d'assez vastes surfaces sur les communes de Saint-Sorlin, Verzé et Chevagny. Elles sont relevées à la cote de 427 mètres à *la Rochette* de Saint-Sorlin.

Dans le troisième chaînon, elles couvrent les sommets compris entre Flacé et Charbonnières et forment une bande allongée passant par *la Grisière, les bois de Naisse* et *le bois du Parc*.

C'est un terrain maigre, de très mauvaise qualité agricole, le plus souvent en friches ou en bois. Sous ce rapport, les poudingues calcaires qui sont généralement associés à l'argile à silex, valent un peu mieux et sont souvent plantés en vigne (Davayé, Chevagny, *Verchiseuil*).

Après avoir décrit ces formations, nous aurons à parler des failles qui datent aussi de l'époque tertiaire, de leur mécanisme et des phénomènes qui en ont été la conséquence.

1. — Argile à silex et sables siliceux.

Si l'on se borne à un examen superficiel, on ne voit, dans l'argile à silex des environs de Mâcon, qu'un mélange incohérent et non stratifié de sables, de graviers, d'argiles

diversement colorées, de fragments anguleux ou roulés de
silex pyromaque, de grès et de poudingues siliceux.

Mais une étude attentive des nombreuses exploitations
ouvertes dans cette formation permet de reconnaître un
certain ordre constant et régulier dans la disposition des
matériaux. Quand la série est complète, voici ce qu'on
observe :

A la base, les amas de fer géodique, peut-être néocomien,
et les sables ferrugineux dont nous avons parlé précédemment ; puis des sables blancs quartzeux sans fossiles formés
de quartz anguleux, souvent bipyramidé, plus ou moins
mêlé de feldspath et de boue kaolinique. Le mica y est très
rare, mais on en trouve. Ces sables proviennent évidem-
ment de la désagrégation de roches granitiques et porphyriques. L'argile à silex proprement dite les recouvre assez
souvent. Elle consiste en argile plastique très riche en
alumine, tantôt blanche et homogène, tantôt disposée en
zones contournées, irrégulières, roses, brunes, grises,
jaunes ou blanches, mêlées de fer oxydé hydraté et de nombreux rognons de silex pyromaque, non *roulés*, disposés
sans ordre ni triage et englobant des fossiles crétacés des
étages cénomanien, turonien et senonien. Il n'y a aucune
régularité dans ces dépôts argileux qui, loin de recouvrir
les sables en stratification régulière, les ont ravinés plus
ou moins profondément, au point même de s'y substituer
parfois tout à fait. Tantôt le passage des sables à l'argile se
fait par transitions insensibles ; tantôt leurs limites sont
tranchées avec une netteté parfaite. Çà et là les sables ou
l'argile à silex se trouvent agglutinés par de la silice et
forment des grès et des conglomerats siliceux offrant la
plus parfaite analogie, soit avec les arkoses du trias, soit
avec les poudingues de Nemours. Par dessus encore, ou
plutôt pénétrant et ravinant ces premiers dépôts, on observe

des amas confus de matériaux anguleux ou roulés, silex pyromaques, blocs anguleux détachés des grès et des conglomérats et dont quelques-uns atteignent un volume considérable (20 à 30 mètres cubes), emballés dans une argile grise ou rougeâtre, et, enfin, la formation se termine souvent par de petites zones de silex stratifiés et roulés, recouvertes parfois d'un manteau superficiel d'argile jaune parsemée de fer en grains. Dans ces zones superficielles, on voit apparaître çà et là des matériaux nouveaux consistant en petits galets noirs, gris ou rougeâtres provenant de roches siliceuses antérieures aux formations jurassiques et étrangères à la contrée.

En somme, quatre zones distinctes, se pénétrant les unes les autres, attestent des phénomènes successifs et des causes différentes : des sables porphyriques et des argiles kaoliniques pétries de rognons de silex pyromaque non roulés ; des grès ; une zone détritique à matériaux roulés, et, enfin, des lits stratifiés et du limon jaune.

Tous les matériaux de cette formation appartiennent, je le répète, soit au terrain crétacé, soit aux roches cristallines, antérieures à l'époque jurassique. Ils sont exclusivement siliceux.

Les fossiles qu'on y rencontre sont :

Inoceramus striatus (Mantell.).	*Discoïdea infera* (Desor.).
Janira quinquecostata (d'Orb.).	*Echinochorys vulgaris* (Breyn.)
Ostrea carinata (Lamck.).	*Echinoconus subrotundus* (d'Orb.)
Terebratula Lamarckiana.	*Holaster carinatus* (Agass.).
— *biplicata* (Defr.).	*Micraster cor-testudinarium.*
— *Kingena.*	— *brevis* (Desor.).
— *Carnea* (Sow.).	*Cidaris Vendocinensis* (Agass.).
Spiropora gradata (Defr.).	*Siphonia ficus* (Goldf,).
Biretepora disticha (d'Orb.).	*Amorphospongia digitata* (d'Orb.)

Cet ensemble de couches repose invariablement, comme je l'ai dit, sur le jurassique supérieur, généralement sur le

calcaire à ptérocères, qui offre la trace de profondes érosions. Il s'y est formé des poches que les sables et l'argile
ont remplies.

Mais parfois le kimmeridgien ayant été emporté, l'argile
à silex repose directement sur le corallien. Dans ce cas, on
ne trouve plus ni les sables ni les zones d'argile kaolinique,
mais seulement la couche détritique à débris roulés. Jamais,
sauf le cas de remaniements postérieurs et de charriage sur
les pentes, l'argile à silex ne se trouve en place sur des
terrains inférieurs au corallien.

Il me reste à expliquer, si je puis, l'origine de cette
formation si complexe.

J'ai déjà abordé cette question dans ma note sur les
formations tertiaires et quaternaires des environs de
Mâcon[1]. Je vais me contenter d'en résumer les conclusions,
en y ajoutant quelques développements que m'ont suggérés
de nouvelles observations.

Le problème comprend d'abord trois éléments essentiels :
1° la destruction sur place du terrain crétacé ; 2° l'apport de
sables quartzeux et d'argile kaolinique en masses considérables ; 3° la formation de grès et de poudingues siliceux.

J'ai expliqué, comme on le fait généralement, la destruction de la craie par l'action chimique de sources acides. Les
sables, l'argile et la silice seraient dus à des phénomènes
geyzériens.

A la fin de l'époque crétacée, l'énergie chimique du globe
se ranima. Des ébranlements se produisirent dans son écorce
solide. Ils rouvrirent d'anciennes lignes de fracture et

[1] *Annales de l'Académie de Mâcon*, 2ᵉ partie, t. 1. p. 3.
Dans une note publiée dans les *Mémoires de la Société des sciences
naturelles de Saône-et-Loire*, t. IV, p. 1, j'avais cherché, postérieurement à mon premier mémoire, à expliquer la formation de l'argile à
silex par l'action des agents atmosphériques et des causes actuelles.
Mais les difficultés que soulève cette interprétation m'engagent, tout
bien examiné, à revenir à ma première manière de voir.

déterminèrent des phénomènes filoniens analogues à ceux
de l'époque des arkoses. Comme aux temps triasiques, il y
eut de puissantes émissions siliceuses et sidérolitiques. La
craie, de formation récente et à peine consolidée, fut épigé-
nisée au voisinage des fractures. Il se fit une substitution sur
place de l'argile au calcaire, ce qui explique que les rognons
de silex pyromaque se trouvent disséminés dans l'argile et
non roulés.

Les sables, la silice et l'argile kaolinique furent sans
doute ramenés sous forme boueuse des profondeurs du sol
par des sources thermales qui, exerçant sur les roches cristallines une action puissante de décomposition, leur enlevaient
une partie de leurs éléments constitutifs.

Cette interprétation est tout à fait justifiée par ce qu'on
peut observer à *Nancelles* (Saint-Sorlin), sur la route neuve
qui conduit au *Gros-Mont*.

Fig. 1. Coupe à Nancelles (Saint-Sorlin).

A, kimméridgien ; B, argile à silex ; C, sable siliceux ; D, brèche d'arkose triasique ;
E, brèche de micro-granulite ; F, argile kaolinique ; G, micro-granulite ; H, grès
bigarré ; K, K, K, blocs de grès tertiaires.

On voit, d'après la figure ci-dessus, qu'une faille met le
jurassique supérieur et l'argile à silex en contact avec le
micro-granulite. L'intervalle de la faille *a-b*, qui n'a pas
moins de 45 mètres, est rempli : 1° par une brèche formée
de débris d'arkoses triasiques agglutinés, par de la silice et
par de l'argile durcie et silicifiée (D); 2° par une brèche de
micro-granulite très décomposée, à pâte dure siliceuse ou
bien terreuse et rougeâtre, parsemée de cristaux de feldspath
kaolinisé (E); 3° enfin par des argiles bigarrées à zones

contournées, mêlées de grès fins et de veines ou de rognon
de fer oxydé hydraté (F). Cette argile est tantôt blanche,
fine et friable, tantôt diversement colorée, parfois durcie,
silicifiée et parsemée de grains de quartz. En examinant
attentivement l'argile la plus pure et en la brisant, on
remarque qu'elle est formée d'une masse de cristaux de
feldspath décomposés, mais ayant conservé leur forme, ce
qui donne à cette argile une cassure grenue, anguleuse.
C'est ce qu'on pourrait appeler de l'argile kaolinique à l'état
naissant. Enfin tout le massif G de micro-granulite est lui-
même profondément altéré.

En résumé, nous trouvons, dans le remplissage de la
faille de *Nancelles,* tous les produits associés à l'argile à
silex, et je ne doute guère que nous ne soyons là sur un des
points où ils se sont élaborés aux dépens de la roche cristalline. C'est un des canaux filoniens par où ces matières
ont dû s'épancher.

Il y aurait donc une analogie complète entre la formation
que je viens de décrire et les argiles et les sables *éruptifs*
étudiés, dans l'Eure, par MM. Potier et Douvillé ; même
composition, même nature, même mode de gisement,
même rapport avec les failles. D'après M. Potier[1], il y
aurait eu, à l'époque tertiaire, trois périodes d'épanchements
semblables : à la base de l'éocène, dans l'éocène supérieur
et dans le miocène moyen. Les sables et l'argile à silex du
Mâconnais, malgré les caractères sidérolithiques qui les
accompagnent, doivent être rapportés, comme je l'ai dit,
à l'éocène inférieur, attendu qu'ils ont été affectés par les
failles et que les failles ne peuvent pas être rajeunies davantage (voir ci-après, § 3).

Nos grès et nos conglomérats siliceux doivent leur origine
à l'acide silicique mis en liberté par suite de la décompo-

[1] Voir *Bulletin de la Soc. géologique de France,* 3ᵉ série, t. VI.

sition des feldspath et ramené à la surface par les sources thermales.

On voit, dans les exploitations ouvertes à Saint-Sorlin, que les eaux siliceuses ont imprégné les sables de haut en bas. Très durs à la surface, les grès ainsi formés passent insensiblement aux dépôts meubles sous-jacents. L'émission de la silice aurait donc succédé à celle des sables et de l'argile plastique.

Les phénomènes d'épigénie ne s'arrêtèrent point à la craie. Ils atteignirent le jurassique supérieur. En sorte que nous voyons aujourd'hui l'argile à silex généralement logée dans des poches d'érosion du kimmeridgien où ses matériaux sont descendus pêle-mêle.

Les courants marins ajoutant ensuite leur action à celle des sources thermales et des phénomènes sidérolithiques, roulèrent les chailles siliceuses de la craie et les galets du jurassique supérieur. C'est l'origine des zones à silex roulés et des poudingues calcaires dont il sera question un peu plus loin.

Puis les phénomènes de démantèlement s'accentuèrent davantage. Les failles entrèrent en mouvement. Le fond de mer, soulevé et disloqué, fut violemment attaqué par les eaux marines. Nous verrons plus loin quelles érosions formidables se produisirent alors. J'attribue à cette période les couches détritiques superficielles, à éléments roulés ; les petites zones stratifiées et le démantèlement des grès et des poudingues dont on voit maintenant les fragments angu-leux et brisés dispersés au loin. C'est alors aussi que des matériaux nouveaux et étrangers à la localité furent charriés à la surface de la formation. On comprend, d'ailleurs, que, grâce à leur position dans des poches d'érosion et sur la lèvre abaissée des failles, des lambeaux d'argile à silex non rema-niée ont pu être épargnés.

En résumé, la formation de notre argile à silex peut s'expliquer par des phénomènes geyzériens, hydro-thermaux et sidérolithiques, accompagnés d'épigénies puissantes, au moment où s'entr'ouvrirent les failles éocènes. Mais il est bien certain que tout cela s'est produit avant la dislocation de la contrée, autrement l'argile à silex et les sables siliceux reposeraient indifféremment sur tous les terrains que ces grands bouleversements ont fait apparaître et renfermeraient, outre les silex crétacés, des chailles des différents étages jurassiques, ce qui n'a pas lieu. Il est bien certain aussi qu'elle a été remaniée postérieurement par les actions diluviennes et charriée parfois assez loin de son gisement normal.

Quelques coupes, relevées dans les carrières de Saint-Sorlin, aideront à faire comprendre les allures de ce terrain.

Fig. 2. — Coupe à Saint-Sorlin (sommet 382).

A, massif de grès siliceux; B, sable quartzeux rougeâtre; C, sable siliceux roux; D, argile blanche quartzeuse; E, zones stratifiées; sable, argile; silex roulés et anguleux; blocs de grès; F, veine de sable, d'argile et de silex pyromaque; G, veine de sable, d'argile et de silex; H, sable quartzeux blanc et fin; I, sable quartzeux blanc mêlé d'argile; K, blocs de grès.

La figure 2 montre la disposition générale de la formation. On voit dans la figure 3 comment elle repose par érosion sur le jurassique supérieur.

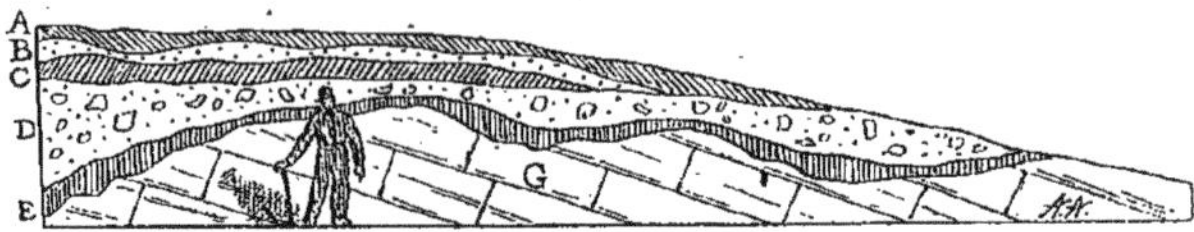

Fig. 3. — Coupe à Saint-Sorlin (entrée de la carrière).

A, limon jaune argileux; B, lit de silex roulés et stratifiés; C, limon jaune ocreux;
D, argile rouge mêlée de débris plus ou moins roulés de silex pyromaque; de grès
et de fragments calcaires; E, argile rouge mêlée de quelques silex anguleux et de
fragments calcaires; F, argile blanche mêlée de rognons de silex; G, kimmeridgien.

Notre argile à silex a été exploitée dès les temps antiques comme terre réfractaire, ainsi que l'indiquent les débris de poteries et de bois, accompagnés d'autres objets de style gallo-romain, retrouvés à Chevagny dans le fond d'anciens puits d'extraction. Elle est employée actuellement soit dans les verreries de Rive-de-Gier, soit dans les forges du Creusot.

Il y a des carrières ouvertes à Saint-Sorlin, à Chevagny, dans les bois de Verzé, de Sennecé et de Charbonnières.

Les résultats de cette exploitation sont très aléatoires, parce qu'il n'y a, comme nous l'avons vu, ni régularité, ni continuité dans les dépôts. Ici les sables dominent; là, l'argile; tantôt purs, tantôt mélangés d'oxyde de fer. Les veines les plus riches sont interrompues tout à coup par un amas de silex pyromaque ou un massif de grès.

Voici la composition des produits les plus purs :

Eau	4	00	5	00
Silice	65	00	72	00
Alumine	27	00	19	50
Magnésie	1	40	1	90
Potasse	2	00	1	00
Oxyde ferrique	0	60	0	60
	100	10	100	00

Le silex pyromaque a servi aux époques primitives pour la fabrication des outils et des armes. On l'a employé long-temps pour la confection des pierres à fusil. Il est utilisé maintenant pour l'entretien des routes.

Localités types : Carrières de *la Grisière* (Flacé), des *Grandes-Tanières* (Saint-Sorlin, 382), de Chevagny. Les argiles dominent à *la Grisière*, les sables à Saint-Sorlin.

2. — Poudingue calcaire sidérolithique.

Sur bien des points, l'argile à silex est remplacée par un poudingue formé de galets coralliens et kimmeridgiens, plus ou moins roulés, généralement impressionnés, mêlés aussi de fragments de silex pyromaque et de grès siliceux, empâtés dans une argile ferrugineuse rouge ou jaune, sou-vent criblée de grains de fer pisolithique. Dans quelques localités (*Verchiseuil*, N.), ils alternent avec des sables sili-ceux rougeâtres.

Ces poudingues calcaires sont certainement postérieurs au démantèlement de la craie puisqu'ils renferment des silex pyromaques, postérieurs aussi à l'argile à silex puisqu'il s'y trouve des fragments de grès et de poudingues siliceux. De plus, ils reposent toujours sur le jurassique supérieur et ont été affectés par les failles. Enfin ils paraissent avoir participé aux phénomènes sidérolithiques si l'on en juge par la masse considérable de fer pisolithique qu'ils renferment. Pour ces raisons, je les considère comme éocènes et comme très peu postérieurs à l'argile à silex. Ils appartiennent vraisemblablement au même groupe de phénomènes.

Nous aurions donc, en Mâconnais, un sidérolithique dépendant de l'éocène inférieur, à moins, comme je l'ai déjà fait remarquer, que des faits nouveaux ne nous obligent un jour à rajeunir nos failles.

Ils couvrent d'assez grandes surfaces sur les commune

de Fuissé, Davayé, Charnay et Verzé et sont généralement
cultivés en vignes.

Localités types : Fuissé (*la Croix-Pardon*), Charnay (sur
la route de Cluny, à l'embranchement du chemin de Chevagny), Verzé (le long de la vallée de *Verchiseuil*), Chevagny (à l'entrée du village et sur la route de *Nancelles*).

3. — Les failles.

La phase que je viens de décrire fut probablement d'assez
longue durée. Le démantèlement de la craie et du jurassique supérieur, la production de l'argile à silex sur de
vastes espaces et de poudingues calcaires qui atteignent une
puissance assez considérable, ne furent pas l'œuvre d'un jour.

Ce n'était que le prélude de phénomènes bien autrement
puissants qu'il nous reste à étudier.

Les lignes de fracture, ébauchées pendant cette période
initiale, s'accentuèrent ensuite, et le mouvement des failles
commença.

Le système des failles mâconnaises est très régulier dans
la région jurassique qui nous occupe. Il constitue, comme je
l'ai dit déjà, une série de rides ou de plissements parallèles
alignés dans la direction N.-E. S.-O., où tous les terrains
relevés à l'O. sont régulièrement versés à l'E. Cette disposition doit être attribuée à un refoulement latéral dont
l'action s'est exercée de l'O. à l'E.[1]

Nous avons donc un premier système de grandes failles
N.-E. S.-O. Il est accompagné de nombreuses failles accessoires et de fractures reliant transversalement les grandes
failles du premier système. Ces fractures transversales ne se
prolongent pas loin et se terminent par des étoilements
contre les points de plus grande résistance, comme on peut

---

[1] Voir la carte, les coupes et les *errata* ; quelques tracés de failles
ayant été rectifiés postérieurement au tirage de la carte, j'ai cru
devoir leur consacrer un *erratum*.

le voir au fond des vallées de Solutré, Vergisson, *Vaux-Verzé*, etc., où elles ont été arrêtées par les massifs porphyriques.

Au milieu de toutes ces brisures compliquées, quatre grandes lignes de fractures N.-E. S.-O. ont joué un rôle particulièrement important dans la constitution orographique du pays. Je les ai désignées, dans la feuille de coupes, par les chiffres I, II, III, IV.

La première faille occidentale (I) passe, en dehors des limites de notre carte, par les vallées de la Grande-Grosne et de la Valouze. Elle a relevé les sommets porphyriques à l'O. de Sologny. C'est de toutes nos failles celle où le soulèvement a le plus d'intensité. Les roches cristallines s'y trouvent portées à plus de 600 mètres d'altitude.

La deuxième faille passe par *Vaux-Verzé*, Berzé-la-Ville, Milly, Bussières, d'où elle se dirige sur Pierreclos et va rejoindre la grande faille de la vallée de Serrières. Elle fait réapparaître les roches cristallines plus faiblement que dans la première. Cependant, à l'O. de *Vaux-Verzé*, elles se trouvent encore portées à plus de 400 mètres d'altitude. Mais à Bussières la micro-granulite ne se relève pas à plus de 300 mètres, avec une faible dénivellation, puisqu'elle se trouve en contact avec le trias.

Cette deuxième faille se bifurque, à partir du château des moines (Berzé-la-Ville), dans la direction du *Vernay* et des *Chardignys* (failles secondaires c et d). Elle est accompagnée de plusieurs failles accessoires dans le lias, à Sologny (a, b, g, h), à Verzé (*le Cloux*), et dans le bajocien à Milly (m).

La troisième grande faille (III) suit une ligne à peu près droite de Vinzelles à Chevagny, se prolonge en zig-zags de Chevagny à *Nancelles* et reprend sa direction première au delà de *Nancelles*. Le maximum de soulèvement s'est produit dans la région comprise entre Chevagnÿ et *Nancelles*, où l'on voit apparaître la roche éruptive. Au sud et au nord de ce point, l'intensité du soulèvement va diminuant. A Vinzelles et à Laizé, N., le bajocien seul se montre.

Il s'est produit, entre les grandes failles II et III, un assez grand nombre de failles secondaires :

1° La faille *e* affectant le bajocien, de *Monsard* à *Vaux-Verzé* ;

2° La faille *i* depuis le sommet 382 (Saint-Sorlin), où la dénivellation est à son minimum puisqu'elle n'affecte que le jurassique supérieur, jusqu'à Bussières (sommet 274). Là elle se bifurque pour se diriger, d'un côté, sur Serrières, de l'autre, vers le sommet 304 (Prissé) et *le Mont de Pouilly*. Le maximum de soulèvement est au sommet 274, où l'on voit les poudingues carbonifères et même les tufs en contact avec le bajocien. Cette faille est accompagnée de petites failles accessoires, qui forment, à Saint-Sorlin (vers l'église), et entre Davayé et Prissé (faille *r*, sommet 304), des enclaves analogues à ces os wormiens, qu'on trouve isolés dans les sutures crâniennes ;

3° La faille *q* affecte seulement le bajocien, de *la Roche de Solutré* à *la Roche de Vergisson* ;

4° Les petites failles *s*, *t*, *u*, *v*, *x*, *y* n'ont produit que de faibles dislocations dans le lias et l'infra-lias. Ce sont des fractures d'étoilement au fond de vallées transversales. La faille *v* ramène, à Solutré, un lambeau des marnes irisées ;

5° La faille *z*, qui s'étend de Fuissé à *Saint-Léger* et qui paraît n'être qu'une bifurcation de la grande faille III, a produit une dénivellation considérable. Elle a soulevé la grauwacke et la série carbonifère qui se trouvent ramenées au contact des différents niveaux de la série jurassique compris entre le bathonien et le corallien.

Enfin la quatrième grande faille (IV) suit une ligne assez

directe de Flacé, O., à Charbonnières. Au sud de Flacé, elle se perd sous l'alluvion quaternaire. A Sennecé, il s'est produit une petite faille latérale qui relève le bajocien sous le hameau des *Perrières*.

Entre les grandes failles III et IV se sont formées de petites fractures accessoires de peu d'importance (*k, l*) dans le bathonien et le callovien, à l'O. de *Chazoux*.

Le passage des failles que je viens d'énumérer est visible sur plusieurs points et donne lieu à quelques observations intéressantes. En général, elles ne forment pas des cassures à parois verticales, mais elles sont inclinées à l'O. suivant un angle qui varie de 60 à 75°.

La faille *q*, visible au point où elle atteint *la Roche de Vergisson*, est inclinée de 74° 30'. L'intervalle de la fracture est rempli par une brèche de friction, très ferrugineuse, de 1 mètre d'épaisseur, formée des débris de la roche bajocienne.

La faille *v*, très apparente au pied de *la Roche de Solutré*, est inclinée de 59°. Le remplissage, qui varie de 1 ᵐ 50 à 0 ᵐ 50, est formé par du carbonate de chaux concrétionné et des dépôts ferrugineux. On y trouve accessoirement de la barytine.

La faille *z* a été rencontrée à *Vers-Chânes* (Fuissé), dans une exploitation de sable qui coupe sur ce point un filon de micro-granulite, lequel traverse la grauwacke et vient buter contre le bathonien inférieur. L'angle d'inclinaison de la faille est de 67°. L'intervalle (0 ᵐ 50 à 0 ᵐ 60) est rempli par des débris des roches précitées, imprégnés d'oxyde de fer.

La même faille, un peu plus au N. de ce point (lieu dit *Sur-les-Rontés*), est remplie, sur une épaisseur d'un mètre environ, par une argile sidérolithique très fine et d'un rouge d'ocre intense.

La faille de *Nancelles* est particulièrement intéressante.

Je l'ai déjà décrite précédemment, § 1. Elle met l'argile à silex en présence de la micro-granulite. Mais l'intervalle de remplissage est considérable (45^m). Il est formé de grès (arkoses du trias) brisés et réagglutinés par de la silice et une brèche de micro-granulite fortement altérée, accompagnée d'argile sidérolithique. L'émission siliceuse a été abondante sur ce point. Elle a profondément modifié la micro-granulite et l'on peut se demander si elle n'est pas en rapport étroit avec l'argile à silex, si elle n'a pas fourni cette surabondance de silice qui a cimenté nos grès et nos poudingues éocènes (voir ci-dessus, § 1).

On n'a qu'à jeter les yeux sur la carte pour voir que nos grandes failles I, II, III, IV, forment des lignes brisées sinueuses et que, par conséquent, il est assez difficile, étant donné le peu d'espace que nous embrassons, de déterminer leur direction moyenne. Cette direction est fournie d'une façon plus satisfaisante par les affleurements d'une même zone géologique.

Si, par exemple, dans le second chaînon, on aligne les sommets bajociens depuis le signal de Berzé-la-Ville jusqu'au delà d'Azé, ils donnent une direction moyenne N. 19° E. Mais, dans le même chaînon, l'alignement des sommets bajociens depuis le château des moines (Berzé) jusqu'à Leynes, en passant par les sommets de *Monsard*, Vergisson, Solutré, *le Mont-de-Pouilly*, on obtient une direction N. 12° O. C'est que, sur ce point, la mer jurassique devait former un golfe. Son rivage s'infléchissait dans la direction N.-O. S.-E.

Dans le deuxième chaînon, une ligne suivant les sommets bajociens depuis Chevagny (sommet 282) jusqu'à Burgy, par Clessé, Laizé, *le Mont-Rouge*, donne la direction N. 19° E., déjà relevée.

La même direction N. 19° E. nous est encore fournie par

l'alignement des sommets bajociens de Flacé, Saint-Martin, Senozan et La Salle [1].

Il reste à déterminer l'âge de ces failles.

Nous avons vu précédemment qu'elles ont affecté toute la série de nos terrains jusques et y compris l'argile à silex, qui est un remaniement des différents étages crétacés. Nos failles sont donc très certainement postérieures à l'époque crétacée.

La grande dépression qui a formé la vallée de la Saône est remplie par des alluvions tertiaires et quaternaires, certainement postérieures aux failles, puisqu'on les voit, sur les bords de la vallée, rencontrer les terrains jurassiques en stratification parfaitement discordante [2].

Or, les plus anciennes, parmi ces alluvions, sont les calcaires à *Limnæa longiscata* et à *Planorbis planulatus* de la Vaivre, près Sedeux, Noidans, Clans, dans la Haute-Saône ; de Belleneuve, Magny, Vesvrotte, Binge, dans la Côte-d'Or ; de Paigneux, près La Chassagne (Rhône), ainsi que les calcaires lacustres à *Planorbis pseudo-ammonius* de Talmay (Côte-d'Or), et les couches inférieures de la formation d'eau douce de Coligny (Ain), à *Bithynia pyramidalis*. C'est-à-dire que, du sud au nord de la vallée de la Saône, les terrains de remplissage, postérieurs aux dernières dislocations importantes qui ont affecté la région, commencent avec l'éocène supérieur et peut-être avec l'éocène moyen.

Nos failles, comprises entre l'époque crétacée d'une part

[1] Les points extrèmes de ces alignements n'étant pas compris dans notre carte, on les relèvera sur la carte de l'état-major. M. Berthaud, opérant sur des distances plus grandes, assigne à nos grandes failles une direction moyenne N. 20° E.

[2] Il y aurait cependant à examiner si cette discordance ne peut pas être attribuée à des failles. L'étude géologique de la Côte-d'Or, que j'entreprends actuellement, me permettra sans doute de fixer ce point, qui déterminera définitivement l'âge de nos failles.

et l'éocène moyen de l'autre, dateraient donc de l'époque
éocène inférieure.

4. — Les dénudations.

Si, après la formation des failles, les choses étaient
demeurées en l'état, le relief du pays se trouverait constitué
par quatre lignes parallèles de sommets (sans parler des
petits chaînons accessoires), correspondant aux lèvres relevées
des quatre grandes failles et par quatre longues vallées également parallèles correspondant aux lèvres abaissées. Les
zones successives telles que nous les avons décrites apparaî-
traient plus ou moins dans les escarpements formant les
lèvres relevées, et la formation la plus récente, c'est-à-dire
l'argile à silex, couvrirait les pentes depuis les lignes de
faîte jusqu'au thalweg des vallées. Sur certains points, nous
aurions des escarpements de plus de 700 mètres, à *Nancelles*, par exemple; et la chaîne occidentale, dont les sommets porphyriques s'élèvent encore à plus de 600 mètres
d'altitude, se trouvant augmentée de toute l'épaisseur des
terrains stratifiés, atteindrait une hauteur de 1,300 à 1,400
mètres.

Mais les choses ne se passèrent pas aussi simplement. La
mer, qui recouvrait encore la région au moment de sa
dislocation, intervint avec ses masses puissantes et modifia
profondément le relief du sol.

Les terrains qui formaient la lèvre relevée des failles se
trouvèrent exposés à l'action destructive des vagues qui leur
firent subir un arasement, comme si un gigantesque coup
de rabot avait passé sur la contrée, en sorte que toutes les
couches successives se trouvèrent coupées en biseau à leur
point de rencontre avec le plan d'arasement.

Il arriva de plus que les différentes zones soumises ainsi
à l'action des agents destructeurs ne leur opposèrent pas, à

raison de leur variété de composition, une résistance égale.
Les unes, plus marneuses, subirent des érosions profondes.;
les autres se laissèrent moins entamer. D'où il résulte que la
surface de la contrée se trouva labourée de sillons correspondant aux couches les moins résistantes et ces sillons formèrent une partie des vallées actuelles. Je ferai remarquer,
enfin, pour rendre plus sensible cette disposition géologique,
qu'un observateur, marchant dans la direction N.-S., pourrait suivre, sans la quitter, une seule et même zone ; tandis
qu'en marchant dans la direction E.-O.; il passerait sur les
affleurements successifs des différentes zones. Dans le premier cas, sa marche serait sensiblement horizontale, surtout
s'il suivait le fond d'une des vallées longitudinales. Dans le
second cas, il aurait à franchir, l'un après l'autre, les
différents systèmes de collines et de vallées.

Le pays ne prit son relief définitif et actuel qu'après une
seconde phase de soulèvement et une nouvelle dislocation
qui se produisit suivant les mêmes lignes de failles que la
première. L'âge de ce second soulèvement est assez difficile
à déterminer avec précision. Mais j'admettrais volontiers,
avec M. Falsan, qu'il est le résultat des grandes oscillations
qui ont chassé la mer miocène du bassin du Rhône et relevé
la mollasse marine à plus de 1,200 mètres d'altitude au
Cret de Chalans, dans le Jura. Il daterait donc du miocène
supérieur.

Quoi qu'il en soit, le plateau d'arasement primitif fut
disloqué et nous ne pouvons le rétablir que théoriquement.
Mais ses fragments, tels qu'on les voit encore, sont très
significatifs. Si, par exemple, on examine, des hauteurs de
Saint-Sorlin, la montagne de *Monsard*, on ne peut man-
quer d'être frappé de son profil. Sa ligne de faîte, inclinée à
l'est, est parfaitement rectiligne, et les zones successives qui
viennent y affleurer sont taillées en biseau. Tous nos som-

mets de montagnes se terminent ainsi par des plans inclinés à l'est, qui ne sont autre chose que des fragments du plateau d'arasement post-crétacé.

La coupe de Monsard m'a permis d'évaluer sur ce point la différence d'intensité des deux soulèvements. Les strates jurassiques forment, avec le plateau d'arasement, un angle de 12°. C'est la mesure du premier soulèvement. Le plateau d'arasement qui, selon toute probabilité, devait être primitivement horizontal, fait actuellement, avec l'horizon, un angle de 5°. C'est la mesure du second soulèvement.

Ce second soulèvement ne fut pas accompagné de dénudations comme le premier, parce que, à cette époque, la contrée se trouvait émergée. Elle a donc conservé depuis lors la physionomie et le relief que nous lui voyons encore.

Il me reste à donner une idée de la puissance des dénudations dont il vient d'être parlé.

Cette question a été traitée par M. l'ingénieur Ebray. Il évalue, d'après une coupe prise à Salornay[1], à 560 mètres environ la dénudation opérée sur ce point.

Je suis arrivé à des chiffres notablement différents. La coupe de M. Ebray n'est pas exacte, non plus que ses évaluations d'épaisseur[2]. Voici comment il faudrait la rectifier :

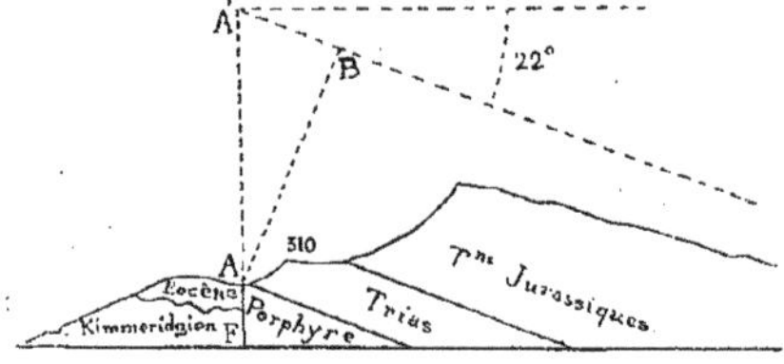

Fig. 1. — Coupe à Chevagny.

[1] Je ne connais rien de pareil à Salornay. La coupe de M. Ebray n'a pu être prise qu'à Chevagny, vers le sommet 310, et devrait être figurée comme ci-dessus.

[2] Voir : EBRAY : *Bullet. de la Soc. géolog.*, t. XVII, p. 515.

Au point A, une faille (A F) dont la plongée est supposée verticale, met en contact l'argile à silex et le porphyre sur lequel repose toute la série des terrains stratifiés.

Ces terrains, s'il n'y avait pas eu de dénudations, formeraient au point A' un escarpement AA', dont on obtient le tracé en prolongeant théoriquement les couches supérieures du jurassique (auxquelles il faut ajouter aussi l'argile à silex), jusqu'à leur rencontre avec la ligne de faille.

La dénudation maximum est donc mesurée sur ce point par la ligne AA', laquelle est plus grande que la ligne AB tracée normalement à l'inclinaison des couches. Or, la ligne AB représente l'épaisseur totale de nos formations, laquelle nous est connue pour être égale approximativement à 729^m (du trias à l'argile à silex) [1].

Donc la dénudation vers la faille de Chevagny n'est pas moindre de 729^m, ce qui est encore vrai dans le cas où la plongée de la faille serait normale à l'inclinaison des couches et se confondrait avec la ligne AB.

La valeur exacte de la ligne AA' serait donnée par l'équation :

$$AA' = \frac{AB}{\cos. 22^\circ}$$

L'angle 22° représente l'inclinaison des couches par rapport à l'horizon [2]. Cette formule, employée par M. Berthaud, nous paraît viser à une précision inutile, puisqu'en somme, dans le plus grand nombre de cas, la valeur AB, représentant l'épaisseur totale des terrains, n'est connue qu'approximativement.

[1] D'après M. Berthaud, l'épaisseur totale des terrains stratifiés du Mâconnais serait en moyenne de 820^m.

[2] Cet angle est variable suivant les points d'observation.

5. — Terrain de transport tertiaire résultant des dénudations.

Les dénudations dont nous venons de parler ne se sont pas produites sans engendrer une énorme masse de matériaux que la violence des courants entraîna au loin. Il en est resté cependant quelques lambeaux que nous devons signaler quoiqu'ils n'aient qu'une très minime importance.

Ces lambeaux consistent généralement en argile à chailles emballant des matériaux roulés de provenance très diverse, laissés à des altitudes supérieures aux formations normales de l'époque quaternaire et inexplicables par l'orographie actuelle de la contrée.

On peut observer ces matériaux roulés dispersés à l'état erratique sur la plupart de nos sommets. C'est sur les hauteurs de Berzé-la-Ville que j'en ai rencontré l'exemple le plus remarquable. Il existe là, à 480 mètres d'altitude, dans une légère dépression du calcaire à polypiers, au N.-O. de *la roche Coche*, un dépôt formé de chailles jurassiques, de grès et de poudingues siliceux, ainsi que de fragments de silex pyromaque des argiles à silex, le tout très roulé et emballé dans une argile jaune compacte.

L'altitude de ce dépôt, supérieure aux gisements primitifs des matériaux qui entrent dans sa composition, ne permet pas d'en attribuer l'origine aux causes actuelles, ni même aux causes quaternaires. Il a certainement été porté à cette altitude par la deuxième phase de soulèvement post-éocène; car on ne pourrait pas expliquer, étant donnée l'orographie actuelle de la contrée, comment des matériaux d'origine si diverse auraient été réunis sur ce sommet.

En résumé, nous sommes là en présence d'une formation postérieure au premier soulèvement, antérieure au second,

certainement tertiaire par conséquent, et datant vraisemblablement des grandes dénudations éocènes.

Il ne faut pas confondre ces lambeaux de terrains de
transport renfermant des silex pyromaques crétacés avec
l'argile à silex telle que nous l'avons décrite précédemment.
Ce qui les distingue radicalement, c'est que l'argile à silex
ne renferme jamais que des chailles crétacées, tandis que les
dépôts en question renferment outre les chailles crétacées
des chailles jurassiques de toute provenance.

On conçoit que l'argile à silex a dû être très entamée par
les agents de dénudation et charriée avec d'autres matériaux. On pourrait même s'étonner qu'un terrain si peu
résistant n'ait pas été complètement emporté par les courants
qui faisaient disparaître plus de 700 mètres de formations
bien autrement compactes.

Mais outre que, par suite de leur position stratigraphique, elles se trouvèrent abritées sur la lèvre abaissée des
failles et dans des poches du jurassique supérieur, les
poudingues siliceux très inaltérables qui les recouvrirent en
partie ne sont certainement pas étrangers à leur préser-
vation.

XVIII.

TERRAINS TERTIAIRES MOYENS ET INFÉRIEURS.

Les alluvions tertiaires qui se sont entassées dans le vaste
bassin bressan pendant les périodes miocène et pliocène, et
qui ont été si bien étudiées par MM. Tournouër, Benoit,
Tardy, Falsan, Locard, Delafond, etc., durent probablement s'étendre jusqu'aux coteaux du Mâconnais et pénétrer
dans quelques-unes de nos petites vallées. Jusqu'à présent
je n'ai rien observé qui pût s'y rapporter avec certitude dans

la région que nous étudions. S'il en existe quelques lambeaux dans le sous-sol, ils sont recouverts par un épais manteau de limon et de graviers quaternaires qui les masque et les dérobe à nos observations. Mais il n'est nullement improbable que des circonstances accidentelles permettront quelque jour d'en constater l'existence.

La première ébauche du bassin de la Saône remonte à l'époque éocène. Un régime lacustre y prédomina d'abord. A l'époque miocène un affaissement de la contrée amena la mer mollassique jusqu'à Lyon. La partie méridionale de la Bresse fut convertie en un estuaire ou golfe, où la Saône, devenue fleuve, versait ses eaux.

Puis le rivage recula lentement ; le continent gagna vers le sud, et pendant les époques miocène supérieure et pliocène inférieure, des formations d'eau douce lacustres ou fluviatiles (sables, lignites, tufs) recouvrirent les dépôts fluvio-marins de la période précédente.

M. Tournouër a suivi tout le long de la vallée de la Saône, depuis la Côte-d'Or jusqu'aux environs de Lyon, des marnes pliocènes à *Paludina burgundina* qu'il est étonnant de ne pas rencontrer dans notre région vers la cote 190 mètres, comme à Chalon (Saint-Cosme) et à Saint-Jean-d'Huyriat (Ain). Ces marnes à paludines se relient stratigraphiquement à la base des sables pliocènes de Trévoux, compris entre les cotes 180 et 215 mètres. N'aurions-nous pas quelque part aussi l'équivalent de ces sables pliocènes et des marnes à *Valvata Vanciana* (Tournouër) qui les surmontent aux environs de Lyon[1] ?

Le seul lambeau de terrain pliocène bien caractérisé qui ait été signalé dans le voisinage de Mâcon formait le remplissage d'une crevasse, dans une des carrières de Chaintré, à la cote d'environ 280 mètres.

[1] Tournouër : *Bullet. de la Soc. géolog.*, 3ᵉ série, t. IV, p. 732.

Il a été exploré par M. de Ferry, qui y a recueilli :

Elephas (?) grands os, indéterminables;

Machaïrodus, une canine;

Bos elatus (Croizet)? fragment de machoire inférieure;

Cervus etnerarium (Croizet)? base de perche;

Tapirus, canine inférieure et molaires;

Sus, molaires;

Ursus, canines;

Felis, de moyenne taille.

C'est pendant la période pliocène que commença la grande perturbation climatérique caractérisée par le développement extraordinaire que prirent les phénomènes glaciaires dans les régions montagneuses (voir ch. XIX, 3).

Les glaciers de la Suisse et de la Savoie acquirent alors une extension considérable et commencèrent leur mouvement de progression en avant. Les cours d'eau torrentiels engendrés par les eaux de fonte sous-glaciaires versèrent sur les plaines du bas Dauphiné, du Lyonnais et de la Dombes des masses énormes d'alluvions qui constituent ce qu'on appelle les alluvions anciennes de la Bresse ou le conglomérat bressan, vastes amas de graviers et de cailloux roulés.

L'âge de ces alluvions, longtemps discuté, est définitivement établi par le magnifique ouvrage de MM. Falsan et Chantre sur les anciens glaciers de la région moyenne du bassin du Rhône[1]. Elles représentent incontestablement, comme le pensait M. Tournouër[2], le pliocène moyen et supérieur. Mais on ne saurait les séparer du quaternaire auquel elles se rattachent par leur partie supérieure.

---

[1] FALSAN et CHANTRE : *Monographie géologique des anciens glaciers et du terrain erratique de la partie moyenne du bassin du Rhône*; t. II, pp. 57, 58, 80 et suiv.

[2] TOURNOUËR, *loc. cit.*, p. 733.

Ces alluvions anciennes ou glaciaires se sont-elles formées à la surface d'une plaine émergée ou sous les eaux d'un bras de mer ou d'un lac ? Sont-elles, en d'autres termes, un cône de déjection ou un delta ?

MM. Falsan et Chantre rejettent l'hypothèse d'un delta en s'appuyant sur ce fait qu'en général les alluvions anciennes de la Bresse ne sont pas stratifiées régulièrement. Quoi qu'il en soit, elles finirent par intercepter complètement la vallée de la Saône vers Lyon, et les eaux qui s'écoulaient par cette vallée, se trouvant retenues en aval, un lac, qu'on peut appeler le *lac Bressan*, se forma contre ce puissant barrage, qui atteignit, à Vancia et à Chaponost, une altitude de 320 mètres.

C'est alors seulement que les alluvions versées dans le *lac Bressan* prirent la disposition qu'elles affectent dans un delta.

J'admettrais volontiers, avec MM. Falsan et Chantre, qu'à la fin de l'époque pliocène des glaciers furent engendrés par les montagnes du Lyonnais et du Beaujolais. Ces glaciers, comme ceux de la Suisse, eurent aussi leurs alluvions sous-glaciaires. M. Falsan a constaté que l'alluvion du glacier de l'Azergue a formé un cône de déjection sur les communaux de Bagnols, à 310 mètres d'altitude. Cette cote correspond aux hauts niveaux de Vancia et de Chaponost.

Nous verrons plus loin (ch. XX, 1, 6) qu'il existe, dans quelques vallées du Mâconnais, des amas de terrain erratique qui autorisent à admettre comme probable l'existence de petits glaciers dans ces vallées. Engendrés par des sommets moins élevés que ceux du Beaujolais ou du Lyonnais, nos glaciers mâconnais doivent être un peu plus récents. Ils ne purent se former que lorsque la limite des neiges éternelles se fut abaissée au dessous de 700 ou de 750 mètres.

Leurs cônes de déjection descendent à une cote inférieure à celle que nous citions tout à l'heure pour le glacier de l'Azergue. Ils ont formé leurs deltas à 270 mètres seulement, à une époque où le *lac Bressan* était déjà en retrait. Je les considère comme quaternaires.

Mais il y a cependant, aux environs de Mâcon, quelques lambeaux de terrain d'alluvion supérieurs à cette cote de 270 mètres (par exemple sur le plateau entre Hurigny et Laizé), qui peuvent être tertiaires, pliocènes ou même plus anciens. N'y ayant pas trouvé de fossiles, je ne les cite que pour mémoire.

ÉPOQUE QUATERNAIRE

XIX

TOPOGRAPHIE ET CLIMATOLOGIE

Dès l'époque tertiaire, comme on l'a vu au chapitre précédent, le relief du pays fut constitué à peu près tel qu'il existe aujourd'hui. Il en résulte que, depuis ce moment, tous les phénomènes géologiques sont étroitement liés à l'orographie actuelle qui seule en donne la clef.

Nous ne pouvons donc aborder la description détaillée des formations quaternaires, sans étudier préalablement la topographie de la contrée, telle qu'elle résulte des failles des deux phases successives de dislocation et des phénomènes d'érosion précédemment décrits.

1. — Orographie des deux cantons de Mâcon.

Nous avons vu en quoi consiste le mécanisme des failles et comment il a déterminé la formation de quatre plis constituant quatre petits chaînons dirigés du sud au nord, accompagnés de reliefs accessoires produits par des failles secondaires. Nous avons rendu compte des dénudations éocènes, de l'arasement des sommets, du creusement des vallées longitudinales, aux dépens des zones marneuses.

La région a subi, outre les failles, des cassures dirigées non plus du nord au sud, mais transversalement, c'est-à-dire de l'est à l'ouest. Ces cassures diffèrent des failles en ce qu'elles se sont produites avec peu de dislocation et n'interrompent pas la suite régulière des terrains. Ce sont de simples fentes, élargies et creusées par les agents atmosphériques.

La plus importante de ces brisures est celle qui détermine la grande vallée allant de Berzé-le-Châtel à la Saône, en passant par *la Croix-Blanche*, Saint-Sorlin et Prissé.

Quatre petites brisures, convergeant à peu près sur le château de *Saint-Léger*, ont donné naissance aux vallées de Fuissé, de *Pouilly*, de Solutré et de Vergisson.

Une autre cassure met en communication la vallée de Prissé avec celle de Pierreclos et de Serrières.

Citons enfin celles qui déterminent les petits vallons à l'ouest de Sologny; puis la vallée de *Vaux-Verzé* et le cours du ruisseau le Talenchant jusqu'à son confluent vers la Mouge, dont la vallée est formée par une autre brisure transversale. Enfin les vallons de Flacé, de *Chazoux*, de Sancé, de Sennecé, etc.

Le relief du pays se trouve donc déterminé par un réseau de vallées dirigées les unes du N. au S., les autres de l'O. à l'E.

Les premières sont des vallées d'érosion creusées aux dépens des zones marneuses. Tels sont, par exemple, les sillons produits dans les marnes irisées et dans les marnes triasiques, qu'on peut suivre de Sologny à Berzé-le-Châtel; de Solutré à *Vaux-Pré*, en passant par Vergisson, Bussières, Milly, Berzé-la-Ville et *Vaux-Verzé*, et, enfin, de Chevagny à l'O. de Laizé, en passant par *le Gros-Mont*. Telles sont les vallées formées dans les marnes calloviennes et oxfordiennes de Saint-Sorlin à Azé, en passant par *Escolles*, Verzé et Igé, et, enfin, de Levigny à Laizé, par *Chazoux*, Hurigny et Blany.

Les secondes sont des vallées d'érosion déterminées par des fractures. Elles recoupent les premières transversalement.

A ce système de vallées correspond un système de collines qui jalonnent la direction des failles. Ces collines doivent leur existence aux roches compactes et résistantes qui les couronnent et qui les protègent contre une destruction trop rapide.

Ce sont d'abord les sommets porphyriques ou de tufs porphyriques de Sologny (sommets 588, 599, 562, 609, 398) qui ferment à l'O. l'horizon mâconnais. Puis les sommets bajociens qui dominent Milly à l'O. (510) et *la Croix-Blanche* et vont aboutir au château de Berzé.

Au second chaînon appartiennent les sommets bajociens si remarquables par leur disposition symétrique du *Mont de Pouilly* (485), de Solutré (495), de Vergisson (488), de *Saint-Claude* (412), de *Monsard* (410), de Berzé-la-Ville (508), de *Vaux-Pré* (483). Puis viennent les sommets coralliens couronnés par le calcaire à ptérocères et l'argile à silex à Verzé (327), à Saint-Sorlin (427, 382, 314).

Dans le troisième chaînon, le porphyre, le terrain carbonifère et le trias forment des sommets à l'est de Fuissé (372, 290, 289), à Chevagny (310), à Saint-Sorlin (410). Le bajocien détermine dans ce chaînon un nouvel alignement de sommets, depuis Vinzelles jusqu'à Laizé, en passant par Charnay (275), Salornay, *le Mont-Rouge*, *le Gros-Mont* et les sommets 393, 355, 321. A l'est du bajocien on voit, comme dans le second chaînon, réapparaître les collines coralliennes, à Levigny (267), à Hurigny (320), à Laizé, puis le calcaire à ptérocères et l'argile à silex, à *la Grisière* (291), dans les bois de *Naisse* et à Charbonnières.

Enfin la quatrième faille détermine une quatrième petite chaîne à laquelle appartiennent les sommets bajociens de *la*

Grisière (291), de Sancé, Sennecé, Saint-Martin-de-Senozan (267) et Senozan (270). Puis commence la vallée de la Saône, vaste érosion, où la suite des terrains disparaît sous un manteau d'alluvions très puissantes. On voit seulement apparaître çà et là, sur les plateaux de Sennecé, Sancé, Flacé, Mâcon, quelques lambeaux appartenant principalement à l'oxfordien, dont les assises sont à peu près horizontales.

Ainsi l'énergie du refoulement a atteint son maximum dans le pli occidental. Elle est allée en diminuant dans les plis suivants, à mesure qu'on se rapproche de la Saône.

Tous nos systèmes de collines se trouvent compris entre deux vallées marneuses : l'une à l'O., l'autre à l'E. Tandis que les roches constituant le massif de la colline s'inclinent en pente douce vers la vallée orientale, elles dominent, au contraire, la vallée occidentale et se terminent de ce côté par des escarpements plus ou moins importants. Les roches de Solutré et de Vergisson sont les types de cette structure.

En résumé, les points culminants sont formés par les porphyres, le bajocien, le corallien et ce qui le surmonte (kimmeridgien et argile à silex). Les vallées s'ouvrent dans les marnes triasiques, liasiques, bathoniennes, calloviennes et oxfordiennes. Les coteaux tournés à l'est sont constitués par le carbonifère, le trias, le bathonien. Le lias à gryphées et le bathonien supérieur forment de petits ressauts au fond des vallées marneuses. Le lias supérieur et l'oxfordien affleurent au pied des falaises escarpées faisant face à l'ouest.

Une vue des roches de Solutré et de Vergisson prise du coteau à l'ouest de Vergisson donnera l'idée de la disposition générale du pays[1]. On a derrière soi les arkoses du trias et les roches porphyriques et devant soi en premier plan la vallée des marnes irisées (vallée d'érosion); puis le

[1] Voir page 150.

village de Vergisson, bâti sur un affleurement du lias à gryphées, au delà du village, la petite vallée des marnes du lias, parallèle à celle des marnes irisées; puis les escarpements bajociens reposant sur les marnes toarciennes qui forment talus à leur pied. Entre les deux roches, une étroite vallée transversale, déterminée par une brisure, donne passage aux eaux recueillies dans les vallées du lias et du trias. Toutes les zones jurassiques, jusques et y compris le poudingue calcaire éocène, se succèdent régulièrement de l'ouest à l'est sur le versant oriental des deux roches. On aperçoit, au débouché de la vallée de Vergisson, dans la vallée de la Grosne, le château de Saint-Léger sur un affleurement carbonifère (faille z), puis les coteaux bajociens de Charnay, ramenés par la grande faille III, et au delà de la vallée de la Saône, les plaines de la Bresse, le Jura, les Alpes et le Mont-Blanc. Il est difficile d'embrasser un plus bel horizon géologique.

2. — Hydrographie.

La constitution orographique et géologique que nous venons de décrire a déterminé le régime des eaux.

Les vallées longitudinales dirigées N.-S. sont des vallées sèches. On n'y trouve pas de cours d'eau permanents, mais seulement des sources qui se montrent et disparaissent bientôt pour s'écouler souterrainement. C'est qu'en effet, le thalweg de ces vallées est sensiblement horizontal. Telle est la grande vallée qui va de Saint-Sorlin à Azé par Verzé et Igé.

Les vallées transversales, au contraire, dont le thalweg est beaucoup plus incliné et suit à peu près les lignes de plus grande pente jusqu'à la Saône, recueillent les eaux des sources et reçoivent le lit de tous les ruisseaux du pays.

1. — LES SOURCES.

On sait que la condition nécessaire pour la formation des sources sont les suivantes : Il faut qu'une couche superficielle perméable recueille les eaux de pluie à la manière d'une éponge et qu'une couche inférieure à la première et imperméable les arrête et les force à s'écouler, suivant la ligne de plus grande pente. Elles suivent des canaux souterrains jusqu'au moment où leur pression, se trouvant supérieure à la résistance des parois, elles se font jour à travers le sol et donnent naissance aux fontaines.

On comprend alors que le régime des sources est déterminé par l'alternance de couches perméables et de couches imperméables, et que la connaissance géologique des terrains facilite l'étude des sources et leur recherche méthodique.

Nos coteaux exposés à l'est, dont le sous-sol est formé de roches inclinées vers le fond de la vallée, sont particulièrement favorables à la production des sources. Mais on en trouve sur tous les coteaux où un sol détritique très perméable recouvre des zones marneuses, et, comme c'est là un cas très fréquent en pays jurassique, il en résulte que le Mâconnais est très bien partagé sous le rapport des eaux de sources.

Les zones imperméables formant les principaux niveaux d'eau sont : les marnes irisées ; les marnes du lias ; les marnes du bathonien et du callovien. Un grand nombre de fontaines prennent naissance dans les alluvions quaternaires et modernes, où alternent des zones de sable et d'argile.

Les fontaines n'ont pas toujours été ce que nous les voyons. Non seulement leur débit a varié avec les conditions météorologiques et les changements climatériques ; mais leur existence même s'est trouvée subordonnée à la formation des terrains meubles résultant de la décomposition des roches, des éboulis des pentes, du limon des plateaux et des alluvions. Le bassin de chaque source était préparé par le relief, par la charpente rocheuse du sol, depuis le moment où se produisirent les failles ; mais le travail des eaux et des autres agents atmosphériques n'a pas cessé de modifier jusqu'à nos jours ces conditions primitives. L'époque quaternaire, très active, comme nous allons le voir plus loin, dans la production des alluvions, des éboulis, des terrains meubles de toute nature, a concouru tout particulièrement à la création du régime des sources tel qu'il existe, et le nombre des fontaines a dû se multiplier à mesure que s'opérait le creusement des vallées.

On trouvera plus loin (description des communes, ch. XXV-L), l'état complet des fontaines. En voici le résumé par terrains :

Porphyre	17
Carbonifère	1
Trias	27
Rhœtien	3
Lias (inférieur et moyen)	10
Marnes du lias	21
Bajocien	10
Bathonien (inférieur et moyen)	1
Marnes du bathonien	14
Callovien	4
Marnes oxfordiennes	22
Corallien	4
Argile à silex	9
Poudingue éocène	3
Alluvions quaternaires	19
Alluvions modernes	43
	208

J'aurai l'occasion, dans la description des communes, d'entrer dans quelques détails sur celles de nos fontaines qui méritent une attention spéciale. Les unes sont réputées pour la qualité ou l'abondance de leurs eaux et parmi celles-ci je citerai entre autres les fontaines de *Bissandron* (Bussières), de *Condemine* (Charnay), de *l'Abîme* (Flacé), de *Roma-nain* (Fuissé), de *la Chanaye* (Hurigny), *la Fontaine-Galopin* (Saint-Jean), de *Balange* et du *Fin* (Laizé), des *Mouilles* et de *Bioux* (Mâcon), de *Mourillon* (Saint-Martin), de *Collonges* (Prissé), de *la Dîme* (Sancé), de *Bacu* et de *Pétusan* (Sennecé), de *File* et de *Pommier* (Sologny), de *Cortesse* (Solutré), de *la Greffière* (Saint-Sorlin), de *Ron-zevaux* (Vergisson), du village de Verzé, des *Petauds* (Vinzelles).

D'autres sont très mal famées et réputées dangereuses pour la santé à cause de la fraîcheur extrême de leurs eaux. Telles sont la fontaine de *Petaude* (Charnay, *Saint-Léger*) et celle des *Vernes-Rocats* (Sologny), à la descente du Bois-Clair.

Quelques-unes ont été ou sont encore l'objet d'un culte superstitieux. Elles se trouvent dans le voisinage de cha-pelles où l'on vient en pèlerinage, principalement de la Bresse.

La fontaine des *Ladres*, à Vergisson, passait pour guérir la lèpre. La fontaine de *la Vierge*, à *Verchizeuil* (Verzé), est associée au culte d'un saint Criard, qui aurait pour spé-cialité d'arrêter les cris des enfants malades. Autrefois on venait de loin en pèlerinage à une petite fontaine située dans un des faubourgs de Mâcon (en Bourgneuf), connue sous le nom de Sainte-Reine.

Nos communes les plus riches en eaux de sources sont Sologny (28 fontaines), Saint-Sorlin (22 fontaines) et Verzé (20 fontaines). Une seule, Varennes, ne possède que des puits.

On a remarqué que, depuis le commencement de ce siècle, le niveau des sources avait sensiblement baissé. Cela

tient à la prédominance croissante des pluies d'été sur les
pluies d'hiver et aux procédés de culture. Le ruissellement
est plus considérable ; les eaux s'écoulent rapidement dans
le fond des vallées et pénètrent moins dans le sol.

2. — LES COURS D'EAU.

Les cours d'eau permanents qui arrosent les deux cantons
de Mâcon sont au nombre de dix-huit.

La Saône est le réceptacle commun de toutes les eaux qui
tombent sur notre petite région, qu'elle limite à l'est. Elle
prend sa source à Mirecourt (Vosges) et reçoit sur le parcours
des cantons de Mâcon neuf affluents : la petite Grosne, les
ruisseaux de Bioux, des Rigolettes, de l'Abîme, de Sancé,
de Sennecé, de Saint-Jean, de Saint-Martin-de-Senozan, et
enfin la Mouge.

La Mouge côtoie le canton nord. Elle descend des gorges
porphyriques de Donzy-le-Pertuis et entre, par une cassure
des terrains jurassiques, au hameau de *Rizerolles* (Azé),
dans une vallée longitudinale qu'elle ne tarde pas à quitter,
après avoir traversé Azé, pour se diriger, par des brisures
transversales, vers la vallée de la Saône, où elle pénètre, par
une étroite fracture du bajocien, entre Senozan et La Salle.
Elle reçoit sur sa rive droite les ruisseaux de Vaux, d'Igé, de
Sathonay, le Talenchant et le ruisseau de Charbonnières, et
sur sa rive gauche, les ruisseaux de la Tour-du-Bois, de
Champagne, le Bécheron, qui se forme à Saint-Pierre-de-
Lanques, et, enfin, le Biétors, engendré dans un pli de
terrain, au dessous de Clessé.

La petite Grosne prend sa source au dessous de Cenves,
dans un cirque porphyrique dominé par les sommets 708,
736, 712, 733. Elle coule d'abord au nord dans la direction

de Serrières, passe au pied du cap bajocien sur lequel est construit le château de Pierreclos, fait un coude à l'est pour entrer dans une brisure qui la conduit à Prissé. Un nouveau coude la ramène à la Saône, où elle se jette entre Mâcon et Varennes. Elle traverse les communes de Serrières et de Prissé et côtoie celles de Davayé, Charnay, Loché, Varennes et Mâcon. Elle reçoit sur sa rive droite les ruisseaux de Davayé et Vergisson, de Saint-Léger et de Fuissé, et, sur sa rive gauche, le File et le ruisseau de Chevagny.

Le ruisseau de Davayé prend naissance à l'O. de Vergisson, dans des vallons triasiques, au pied d'un coteau porphyrique. Il reçoit les eaux qui viennent de la vallée de Solutré et se jette dans la Grosne, sur le territoire de Davayé.

La vallée de Solutré n'engendre pas de ruisseau permanent. Ses eaux s'écoulent souterrainement.

Le ruisseau de Saint-Léger tire son origine des sources qui arrosent les prés au pied du château, et notamment de la fontaine de Petaude qui paraît venir souterrainement du vallon de *Pouilly*.

Le ruisseau de Fuissé prend naissance à la belle fontaine de Romanain qui sort du fond d'un cirque jurassique à l'extrémité sud du village.

Le File prend sa source à la fontaine du File à l'O. de *la Croix-Blanche* (Sologny). Il recueille les eaux des vallons de Berzé-le-Châtel, Sologny, Berzé-la-Ville, Milly et Saint-Sorlin et se jette dans la Grosne un peu en aval de ce dernier village.

Le ruisseau de Chevagny descend du vallon de *Nancelles*, où il prend sa source à la fontaine de Boisy, et se jette dans la Grosne entre *Mouhy* et *Verneuil*.

Le Talenchant descend des gorges de *Vaux-Verzé*, suit un

instant la vallée longitudinale au N. de Verzé et ne tarde pas à reprendre une brisure transversale par laquelle il s'écoule vers la Mouge qu'il rejoint en amont de Laizé, après avoir reçu un ruisseau dont la source principale est à la fontaine de Balange, à l'O. de *Blany* (Laizé).

Le petit ruisseau engendré par le vallon de Charbonnières se jette également dans la Mouge.

Outre la Mouge et la Grosne, huit petits cours d'eau se jettent directement dans la Saône :

Le ruisseau engendré par les belles sources de Bioux (Mâcon).

Le ruisseau des Rigolettes, qui prend naissance à Mâcon même, dans un pli de terrain, entre *les Neuf-Clefs* et *les Chanaux*.

L'Abîme qui, après avoir jalonné son cours d'eau souterrain par une série d'entonnoirs, à *la Grisière*, se montre au jour à l'extrémité N. du village de Flacé. Il reçoit souterrainement les eaux de *Chazoux* et d'Hurigny.

Le ruisseau de Sancé, qui commence au pied du coteau, à la fontaine du village, sur les marnes bathoniennes.

Le ruisseau de Sennecé, engendré par de belles sources dans un étroit amphithéâtre à l'ouest du château.

Le petit ruisseau de Saint-Jean qu'alimente la fontaine Galopin.

Enfin le ruisseau de Saint-Martin-de-Senozan, qui se forme dans la vallée au N. du village.

Je pourrais dire de ces cours d'eau ce que j'ai dit des sources et des fontaines. Leur bassin, ébauché dès l'époque des failles, n'a pas cessé de se modifier jusqu'à nos jours. On verra plus loin comment leur débit, leur puissance mécanique, la nature de leurs alluvions, la profondeur de leurs vallées ont varié pendant les temps quaternaires.

3. — L'évolution du climat à l'époque quaternaire.

Après avoir décrit la constitution orographique et les petits bassins hydrographiques des environs de Mâcon, il me reste à parler sommairement des agents météorologiques et de la climatologie quaternaires, sans lesquels il est impossible de se rendre compte des phénomènes et des formations de cette époque.

Les animaux et les plantes sont des appareils très sensibles qui enregistrent avec une grande précision les variations de température et de climat. Lorsque, par exemple, nous trouvons dans nos formations carbonifères des plantes dont les analogues appartiennent maintenant à la flore des îles équatoriales, on peut affirmer en toute certitude que le climat de notre contrée à cette époque était extrêmement chaud et humide. Quand nous recueillons sur nos sommets bajociens des polypiers voisins de ceux qui vivent encore dans les régions tropicales de l'Océan pacifique, nous pouvons être sûrs que nos récifs indigènes se formèrent aussi sous les eaux d'une mer tiède. Nous savons, par des documents nombreux, qu'à l'époque tertiaire le climat de l'Europe occidentale se maintint à une température élevée. La flore pliocène des tufs de Meximieux, près de Lyon, accuse encore une température moyenne de 17° à 18°, supérieure de 6° à 7° à ce qu'elle est actuellement aux mêmes lieux. Mais, à la fin de cette période, il se produisit une perturbation dont les causes n'ont pas encore reçu d'explication satisfaisante et à laquelle les géologues ont donné le nom d'époque glaciaire.

Il arriva alors que toutes les hautes montagnes de l'Europe occidentale se couvrirent de glaciers qui, dépassant de beaucoup les limites que nous leur voyons encore aujourd'hui, s'avancèrent au loin dans les vallées et dans les plaines. Le glacier du Rhône, franchissant le lac de Genève, le Jura, les montagnes du bas Bugey, couvrit les plaines du Dauphiné et de la Bresse et vint étaler ses moraines jusque sur les collines de Lyon. Nous verrons plus loin qu'au même moment nos montagnes mâconnaises eurent peut-être aussi leurs petits glaciers. C'est alors que s'ouvrit véritablement pour notre pays la période géologique désignée sous le nom d'époque quaternaire.

Après que cette grande perturbation climatérique eut atteint son maximum d'intensité, elle entra dans une phase de décroissance. Le climat de l'Europe occidentale se réchauffa progressivement et les glaciers rétrogradèrent. Les alluvions de cette époque ont conservé les débris d'une faune qui présente un caractère très particulier. On y trouve mélangés des animaux du nord, des zones tempérées et des pays chauds et, par exemple, l'éléphant antique, l'hippopotame, le lion et l'hyène, à côté du bœuf musqué, du renne, du lemming et de la marmotte. Il faut de toute nécessité admettre que, tandis que les plaines et les régions littorales jouissaient d'un climat tempéré, l'influence glaciaire continuait à se faire sentir dans les pays montagneux. En été, la faune méridionale s'avançait vers le nord en suivant les vallées ; en hiver, la faune boréale descendait dans les plaines en sorte que leurs dépouilles se mêlaient alternativement dans les mêmes lieux. On ne peut pas supposer, en effet, que le renne et l'hippopotame y aient vécu ensemble.

La vallée de la Saône dut à sa position entre le Jura, les Alpes et le plateau central de rester plus longtemps sous l'influence glaciaire. On trouve bien dans nos dépôts quaternaires un certain nombre d'animaux de la faune méridionale, le rhinocéros, l'hyène, le lion ; mais les plus caractéristiques, l'éléphant antique[1] et l'hippopotame, y font défaut. En revanche, le renne était abondant dans nos montagnes, comme nous le verrons tout à l'heure.

La flore quaternaire conduit aux mêmes conclusions. Tandis que le renne devait trouver dans les régions élevées les mousses arctiques nécessaires à sa nourriture, certaines associations végétales, comme, par exemple, celle des tufs de La Celle près Moret, témoignent d'un climat tempéré dont la moyenne de température ne devait pas être inférieure à 15° ou 16°.

Nous verrons que, pendant les débuts de l'époque quaternaire, l'action mécanique des eaux prit une intensité considérable. Les cours d'eau acquirent un volume et une puissance très clairement affirmés par la largeur de leurs anciens lits, par la masse de leurs alluvions et par le volume des matériaux qu'ils ont transportés.

On peut donc caractériser le climat quaternaire comme humide et tempéré, sans excès de chaleur en été ou de froid en hiver, mais avec des différences notables de température suivant l'altitude et des écarts considérables entre le climat des vallées, des régions littorales et des contrées montagneuses.

Peu à peu ces différences s'atténuèrent. L'équilibre de température s'établit entre le pays de plaine et celui de montagne. Le climat devint plus sec, mais en même temps les écarts de température extrême entre l'été et l'hiver s'accentuèrent de plus en plus. C'est ainsi qu'après une longue succession de siècles le régime actuel succéda à celui que nous venons de définir.

Les animaux du nord et ceux du midi, ne trouvant plus

---

[1] L'éléphant antique n'a été rencontré jusqu'à présent dans la vallée de la Saône qu'à Villevert et à Port-Masson (Rhône), dans des alluvions antéglaciaires (pliocènes). Son représentant quaternaire paraît être l'*Elephas intermedius* (Jourdan), commun aux environs de Lyon.

dans nos régions les conditions nécessaires à leur existence,
périrent ou émigrèrent : nos étés devinrent trop chauds
pour les uns et nos hivers trop froids pour les autres ; il ne
resta que les animaux de la faune tempérée, dont les ossements caractérisent les terrains de formation moderne.

Je complèterai ces notions sommaires par le tableau
récapitulatif des observations météorologiques faites à
l'École normale de Mâcon pendant une période de cinq
années (1872-1876). On y trouve les éléments qui caractérisent notre climat actuel.

	1872	1873	1874	1875	1876	Moyennes
1 Vent du sud	58	63	34	37	36	44.6
2 Vent du nord	48	58	54	66	56	56.4
3 Vent de l'est	30	24	8	10	4	15.2
4 Vent de l'ouest	28	28	29	21	33	27.8
5 Calme	4	4	28	»	»	7.2
6 Ciel pur	59	98	126	106	84	94.6
7 Ciel nuageux	148	157	147	132	141	145
8 Ciel couvert	97	110	92	127	140	113.2
9 Brouillard	41	26	34	30	40	37.8
10 Pluie	129	81	93	110	114	105.4
11 Grésil	2	2	»	»	»	0.8
12 Neige	5	8	5	10	15	8.6
13 Gelée	18	34	49	50	59	42
14 Tonnerre	18	16	9	10	15	13.6
15 Éclairs	4	12	4	4	7	6.2
16 Variation barométrique	26^{mm}9	50^{mm}8	33^{mm}8	37^{mm}3	31^{mm}4	36^{mm}04
17 Température maximum	31°8	20°4	34°	34°5	31°5	34°5
18 Température minimum	— 2°	— 6°	— 9°	— 11°2	— 11°2	— 11°2
19 Température moyenne	13°	13°25	13°08	12°7	12°16	12°83
20 Pluviomètre	981^{mm}3	679^{mm}1	825^{mm}5	784^{mm}	702^{mm}7	794^{mm}52

NOTA. — De 1 à 15, les chiffres du tableau expriment des nombres de jours.

TERRAINS QUATERNAIRES.

XX.

Etant donnés la constitution orographique et hydrographique de la contrée, et le climat de l'époque quaternaire, tels que nous venons de les décrire, nous allons examiner successivement les terrains qui doivent leur origine, d'abord aux cours d'eau (alluvions des vallées), puis aux agents atmosphériques (terrains erratiques, décomposition des roches sur place, limon des plateaux, éboulis, remplissage des cavernes, etc.).

Il règne une très grande confusion dans la classification quaternaire et cela se comprend. Les conditions de milieu et de climat et, par conséquent, la faune, ont varié considérablement d'un point à un autre à la même époque. Ainsi, dans le nord de la France, l'éléphant antique et l'hippopotame caractérisent les plus anciennes formations quaternaires de la vallée de la Somme, où ils sont vraisemblablement postérieurs au paroxysme glaciaire. Dans le bassin moyen du Rhône, ils sont antérieurs à l'invasion des glaciers alpestres. On ne les retrouve plus dans le terrain erratique ni dans le lehm glaciaire.

Il est donc difficile d'établir des synchronismes entre des points très éloignés les uns des autres. Mais nous sommes trop rapprochés du Lyonnais pour ne pas utiliser les jalons stratigraphiques et paléontologiques établis pour cette région. Ils s'appliquent également au bassin de la Saône et au Mâconnais en particulier.

Tant que les alluvions anciennes sous-glaciaires dont il a été question précédemment (ch. XVIII), n'atteignirent pas les collines des environs de Lyon, le cours inférieur de la Saône resta libre. On peut supposer qu'à l'époque pliocène inférieure, la rivière ne coulait pas à une cote inférieure à 215 mètres, qui est le niveau supérieur des sables pliocènes de Trévoux. Mais dans les temps qui suivirent (pliocène moyen et supérieur) et pendant que les alluvions anciennes commencèrent à envahir le plateau bressan, elle creusa son lit dans ces premiers dépôts pliocènes, et lorsque les alluvions anciennes atteignirent sa vallée, elle coulait à peu près à son niveau actuel. C'est ce qui résulte des observations de M. Falsan, qui a vu, à Lyon, au quai de Serin, les alluvions anciennes apparaître à 6 mètres seulement au dessus de la rivière. Son lit était donc creusé à peu près comme il l'est aujourd'hui.

Lorsque la vallée fut interceptée par les alluvions anciennes, qui continuaient leur progression en avant, les eaux refluèrent et formèrent un lac, le lac bressan, en amont du barrage. Le lac atteignit son plus haut niveau quand les alluvions glaciaires furent portées à la cote 320 mètres de Vancia à Chaponost. MM. Falsan et Chantre assignent ces cotes élevées au début des temps quaternaires.

A partir de ce moment, le lac bressan fut le grand régulateur des alluvions du bassin inférieur de la Saône. A défaut de fossiles caractéristiques, la relation stratigraphique des terrains que nous allons étudier, avec les variations de niveau du lac bressan et de la Saône quaternaire, nous servira donc à classer chronologiquement ces terrains.

1. — Alluvion des vallées.

1. — LE LAC BRESSAN.

La géologie quaternaire des environs de Lyon pouvant seule donner la clef de ce qui s'observe en Mâconnais, nous allons prendre pour guides MM. Falsan et Chantre.

Voici comment ils s'expriment au sujet du barrage qui donna naissance au lac Bressan :

« L'effet de ce barrage, de cet encombrement, qu'on pourrait considérer comme un cône de déjection très surbaissé et très étendu, fut de faire refluer les eaux de la Saône vers le nord et de former un lac dont le niveau s'élevait à mesure que la masse des alluvions prenait plus de développement. Sur l'arête de déversement, une partie des eaux de la rivière d'Ain et du Rhône, se séparant de la masse principale qui continuait son cours vers le midi, devait s'écouler dans ce lac à la formation duquel la contrée se prêtait si bien. En effet, en amont de cette accumulation de graviers alpins, il y avait une vaste cuvette parfaitement circonscrite, fermée de toutes parts et d'où les eaux ne pouvaient s'échapper qu'à partir d'un niveau assez élevé. Ces déversoirs ne pouvaient être que les cols et les vallées qui ont été mis à profit depuis pour l'établissement du canal du Rhône au Rhin et des deux autres canaux du Centre et de la Bourgogne. Il est même très remarquable de voir que les points de partage des eaux de ces trois canaux se trouvent à peu près en rapport avec le niveau des alluvions glaciaires pris au fort de Vancia, près de Lyon, où elles atteignent l'altitude de 315 mètres (vers La Balme et Crémieu leur niveau devait même être plus élevé). Ainsi, pour le canal de Bourgogne, ce point de partage est, à la cote la plus forte, de 365 mètres ; pour le canal du Rhône au Rhin, elle n'atteint pas 350 mètres ; enfin, pour le canal du Centre, elle ne dépasse pas 309 mètres et reste inférieure à celle de Vancia.

» Le col franchi par le canal du Centre a donc pu servir de dégorgeoir à une partie des eaux du lac de la Bresse, qui devait ainsi se rendre dans le bassin de la Loire. Cet état de choses fut de courte durée, car la Saône ne tarda pas à se creuser de nouveau un lit en érodant les alluvions glaciaires au pied du Mont-d'Or[1]. »

Il y eut sans doute des temps d'arrêt dans ce travail d'érosion, car nous verrons tout à l'heure que le niveau du lac Bressan paraît s'être maintenu stationnaire pendant un certain temps à la cote 270-275 mètres[2], et que la vallée de la Saône avait été encombrée d'alluvions jusqu'à ce niveau.

Quoi qu'il en soit, les observations de MM. Falsan et Chantre prouvent que le lit de la rivière était recreusé au dessous de la cote 290 mètres quant le grand glacier alpin vint lui-même l'obstruer de nouveau vers le rocher de Pierre-Scize et vers Fourvières[3].

Elle dut alors se frayer un passage plus à l'ouest et gagner le Rhône par les vallées de Tassin, d'Oullins et de Brignais, après avoir franchi, à la cote 217-223 mètres, le seuil de la Demi-Lune[4].

« Après la fonte du grand glacier alpin, la Saône reprit

---

[1] FALSAN et CHANTRE : *Monographie géologique des anciens glaciers et du terrain erratique de la partie moyenne du bassin du Rhône*, t. II, p. 353.

[2] Id., pp. 357-358.

[3] Id., p. 564.

[4] Id., p. 337. C'est alors que dut se former le plateau très visible de Mâcon à Senozan, entre le pied du coteau jurassique et la vallée de la Saône. C'est un plateau d'érosion compris entre les cotes 210-220 mètres où les roches jurassiques puissamment dénudées sont recouvertes d'un manteau plus ou moins épais de sable et de limon.

son cours primitif en passant par Lyon même et creusa son lit d'une manière suffisante pour le mettre au niveau de celui du Rhône, qui continuait à s'abaisser.

» Les eaux du lac Bressan diminuèrent progressivément et à la place de cette masse d'eaux stagnantes, il n'y eut plus qu'une rivière grossie par l'apport de tous ses tributaires [1]. »

Plusieurs années avant que MM. Falsan et Chantre eussent fait connaître leurs observations, j'avais moi-même publié le résultat de mes études mâconnaises et démontré que le niveau supérieur des eaux du lac Bressan, formé par le barrage glaciaire de Lyon, avait dû atteindre la cote de 270-275 mètres et y rester stationnaire un certain temps. Nos observations se contrôlent donc réciproquement, d'une façon très indépendante.

Deux ordres de faits m'avaient conduit à cette conclusion :

1° Nos coteaux mâconnais sont tapissés jusqu'à ce niveau d'un manteau de limon jaune argileux, analogue au lehm du Lyonnais, et d'alluvions consistant en matériaux roulés ;

2° La plupart des petites vallées supérieures de nos montagnes mâconnaises sont plus ou moins encombrées de terrain erratique présumé glaciaire qui vient s'étaler sous la forme de deltas stratifiés à la cote de 270-275 mètres à leur issue dans des vallées plus larges.

Il fallait donc de toute nécessité admettre que le terrain erratique avait rencontré, à ce niveau, une nappe d'eau qui ne pouvait être que le lac Bressan, contemporain de la période glaciaire (voir ci-après, § 6).

2. — LIMON JAUNE.

Cette formation qui recouvre, comme nous venons de le voir, tous nos coteaux lorsque les pentes le permettent,

---

[1] FALSAN et CHANTRE, *loc. cit.*, p. 354.

jusqu'à une altitude de 270-275 mètres environ, consiste en un limon argileux plus ou moins mêlé de calcaire, suivant qu'on le recueille dans le voisinage des terrains jurassiques ou qu'il a été lessivé par les eaux pluviales. Dans ce dernier cas, il ne fait aucune effervescence avec les acides. C'est une terre tantôt fine, tantôt sableuse, plus ou moins compacte, très mobile sur les pentes où elle glisse et s'étale. Elle doit son origine aux eaux troubles et limoneuses du lac Bressan. Ce n'est pas exactement ce qu'on entend par lehm aux environs de Lyon; mais notre limon jaune en est à peu près l'équivalent stratigraphique.

On y découvre fréquemment des débris d'animaux quaternaires, notamment d'*Elephas primigenius*[1]. Les mollusques terrestres ou fluviatiles y sont extrêmement rares. J'ai recueilli près de Saint-Jean, dans une terrasse de limon jaune qui avait probablement coulé au desssous de sa position normale, les espèces suivantes :

Pupa inornata (Drap.)	*Helix hispida* (Lam.)
Succinea oblonga (Drap.)	

Je considère comme appartenant à cette formation le limon jaune, supérieur à la cote 210 mètres, qui recouvre les plateaux de Senozan, Saint-Martin, Saint-Jean, Sennecé, Sancé, Flacé et Mâcon, compris entre le pied des collines et la vallée de la Saône proprement dite. Elle s'étale sur les coteaux de Charnay et sur ceux de Loché et de Vinzelles.

Les eaux du lac quaternaire durent pénétrer dans la vallée de la petite Grosne, qui formait un vaste golfe, car nous trouvons des dépôts analogues au lehm, mais plus ou moins mêlés aux alluvions propres de la Grosne tout le long de cette vallée, aux cotes inférieures à 270 mètres.

---

[1] Le lehm contient, aux environs de Lyon, deux espèces bien caractéristiques : l'*Elephas intermedius* (Jourdan), voisin de l'*E. antiquus* et le *Rhinoceros Jourdani* (Lortet et Chantre) Voir ch. xix, 7.

Il en est de même dans la vallée de la Mouge.

La courbe de niveau à 270 mètres (voir la carte) correspond d'une façon remarquable avec la limite supérieure de nos alluvions quaternaires.

Entre les cotes 210 mètres et 175 mètres, on trouve encore un limon jaune fort analogue au lehm, mais qu'on ne doit plus considérer comme une formation lacustre. C'est le limon d'inondation de la Saône quaternaire et moderne.

J'ai cru devoir tracer également sur ma carte la courbe de niveau à 310 mètres qui correspond au maximum d'élévation des eaux du lac Bressan. Il existe, au dessus de la cote 270 mètres, notamment sur le plateau entre Hurigny et Laizé (296 mètres), des lambeaux de limon jaune qui sont peut-être de cet âge ou même plus anciens[1].

Les eaux du lac Bressan n'ont pas dû se maintenir longtemps à cette cote élevée, mais s'abaisser assez rapidement à la cote 270 mètres, qui est le niveau le mieux accusé en Mâconnais, comme le long des coteaux du Beaujolais et du Lyonnais.

Le limon est généralement cultivé en céréales sur les plateaux des bords de la Saône. Sur les coteaux à pentes plus ou moins rapides, on y voit de la vigne. Mais elle donne un vin de qualité inférieure à celui des coteaux calcaires.

Il est exploité, aux environs de Mâcon, pour la fabrication de la poterie, de la brique et de la tuile.

Localités types : Les coteaux de Charnay, les plateaux à l'ouest de la Saône, entre Mâcon et Senozan.

---

[1] Dans tous les cas, des alluvions supérieures à 310 mètres ne devraient pas être attribuées au lac quaternaire, puisque le point de partage des eaux du canal du Centre avait dû former dégorgeoir à 309 mètres d'altitude (voir § 1).

3. — SABLES , GRAVIERS ET GALETS

On trouve, dans la zone occupée par le limon jaune, mais toujours au dessous, des couches de sable, des dépôts de graviers et de galets qui paraissent devoir être rapportés aux mêmes causes et à la même époque.

Les graviers sont formés de matériaux venus de loin, identiques aux graviers actuels de la Saône, avec cette différence, toutefois, qu'ils renferment souvent des galets roulés beaucoup plus volumineux que ces derniers. Ce sont des graviers amenés par des courants.

Des amas de galets se sont aussi formés sur place aux dépens de la roche sous-jacente, à la manière des galets de plage, sous l'action de la vague. C'est ce qu'on peut observer à Flacé, à l'entrée du chemin de *Chazoux*, à l'extrémité S. de la colline oxfordienne de *Levigny*, le long du chemin qui conduit au hameau. Je suis fort tenté d'y voir les galets de plage du lac Bressan.

On rencontre ces différentes formations caillouteuses jusqu'à la cote 270 mètres. On doit en conclure que la vallée de la Saône fut remblayée jusqu'à ce niveau au début de l'époque quaternaire.

4. — LA SAÔNE QUATERNAIRE. — ÉROSIONS. — TERRASSES.

L'érosion qui a donné naissance à la vallée actuelle de la Saône est de 100 mètres, puisque la rivière coule maintenant à la cote 170 mètres à la hauteur de Mâcon. Mais il faut remarquer que ses sables de fond reposent sur des graviers quaternaires et que, par conséquent, son lit quaternaire a été plus profond qu'il ne l'est aujourd'hui[1].

[1] Voir Tournouer : *Sur les terrains tertiaires de la vallée supérieure de la Saône*, dans le *Bulletin de la Société géologique*, 2e série, t. XXIII, p. 797, coupe transversale de la vallée de la Saône.

Il s'est formé le long des coteaux que baignait le lac
Bressan d'abord, puis la rivière ensuite, une série de
terrasses d'alluvions (limon jaune, sable et gravier) indiquant le retrait successif des eaux. Ces terrasses sont représentées par des plateaux étagés à 5, 10, 20, 25, 40 et
50 mètres au dessus de l'étiage actuel de la rivière[1]. Elles
sont peu apparentes aux environs de Mâcon, excepté la
terrasse à 50 mètres (altitude 220 mètres) dont il a été
question plus haut[2], celle à 40 mètres (altitude 210 mètres),
et celle à 5 mètres (altitude 175 mètres).

Ces trois terrasses sont figurées dans les coupes.

La terrasse à 220 mètres n'est plus jalonnée que par une
ligne de limon et de graviers au pied du coteau jurassique
sur les territoires de Mâcon, Flacé, Sancé, Senecé, Saint-
Martin et Senozan. Ce niveau est très constant. A partir de
cette ligne, le plateau s'abaisse par une pente très douce et à
peu près régulière à la cote 210 mètres, qui forme le bord
d'une belle terrasse très constante aussi et très visible tout
le long du chemin de fer de Paris à Lyon, qui en suit le
pied entre Senozan et Mâcon. Le pied de cette terrasse est
à environ 190 mètres d'altitude. A partir de ce niveau, le
sol forme une plaine assez uniforme et s'abaisse lentement
à la cote 175 mètres qui est le niveau de la prairie actuelle
de la Saône.

La terrasse à 220 mètres doit correspondre à l'époque où
le lac Bressan se déversait par le col de la Demi-Lune à la
cote 217 mètres. Il y avait, le long du coteau mâconnais,
un courant violent qui y a déterminé une érosion considérable. En effet, le plateau compris entre les cotes 220 et
210 mètres, s'est formé aux dépens des assises jurassiques

---

[1] Voir TARDY : *Essai sur les oscillations des époques miocène, pliocène
et quaternaire*, dans le *Bulletin de la Société géologique*, 3ᵉ série, t. VI,
p. 416, et t. V, p. 714.

[2] Voir la note 4 de la page 130.

qui en constituent le sous-sol. C'est donc un plateau d'érosion plutôt qu'une terrasse d'alluvion. Le limon et les graviers n'y forment qu'une couche assez superficielle[1].

Quand le chenal de Pierre-Scize fut rouvert, le lac Bressan cessa d'exister et la rivière, abandonnant le pied immédiat du coteau, forma une nouvelle berge d'érosion dont le sommet correspond à la terrasse à 210 mètres. Cette berge, dont la hauteur moyenne est de 20 mètres, est taillée également dans la roche jurassique (oxfordien et corallien). Peut-être à ce moment la Saône ne fit-elle que reprendre son ancien lit pliocène après l'avoir déblayé.

Une courbe de niveau tracée à 210 mètres (voir la carte) formerait donc la ligne de séparation entre les alluvions du lac Bressan et les alluvions de la Saône quaternaire, qui tapissent tout le fond de la vallée. Dans le voisinage de la rivière, elles sont recouvertes par l'alluvion moderne qui forme une terrasse à 175 mètres.

La vallée proprement dite de la Saône actuelle représente vraisemblablement l'ancien lit de la Saône quaternaire qui succéda au lac Bressan. En comparant cet ancien lit, qui est large de 4 à 5,000 mètres, au lit actuel de la Saône, qui n'est que de 250 à 300 mètres, on se rendra compte de la puissance relative du débit aux deux époques. Les grandes crues, comme celles de 1840 ou de 1856, donnent à peu près l'idée de ce que devait être, sinon comme volume d'eau, du moins comme largeur, la Saône quaternaire.

5. — MARNES BLEUES DE LA SAÔNE.

Avec le retrait des glaciers et l'évolution climatérique qui en fut la cause, la puissance du régime hydraulique de la

[1] Il n'est donc pas étonnant qu'on n'y retrouve pas de traces des terrains tertiaires antérieurs. Ils ont dû être les premiers balayés.

Saône dut décroître progressivement. Les formations de la fin des temps quaternaires portent la trace de ce changement et aussi d'un affaissement de la contrée, d'où il résulta que la Saône, au lieu de continuer à creuser sa vallée, commença à la remblayer.

Les premiers dépôts de remblais consistent en marnes bleuâtres ou grisâtres, souvent tourbeuses, où abondent des débris de végétaux et de grands arbres (principalement des chênes et des ormes) noircis par leur séjour dans l'eau. Elles affleurent dans les berges de la rivière tout le long de son cours, à peu près au niveau de l'étiage.

On a fréquemment trouvé dans ces marnes bleues les débris de grands animaux quaternaires, tels que le mammouth, le grand bœuf, le renne, etc.

Elles renferment abondamment de petits mollusques terrestres et fluviatiles qui, sauf quelques variations légères et quelques espèces éteintes ou émigrées, sont les mêmes que ceux qui vivent encore aux mêmes lieux. J'ai publié[1], d'après des déterminations de M. Bourguignat, une liste de 36 espèces, parmi lesquelles trois seulement sont terrestres. Ce sont :

Succinea putris (Linn.)	*Zonites septentrionalis* (Bourg.)
— *oblonga* (Drap.) var.	

Les autres sont fluviatiles. Parmi ces dernières, deux sont éteintes :

Planorbis Arcelini (Bourguign.)	*Valvata Arcelini* (Bourgu.)

D'autres sont étrangères aujourd'hui à la région :

Planorbis crosseanus (Bourgu.)	*Pisidium Henslowianum* (Shep.)
— *obtusa* (Stud.)	— *casertanum* (Poli).
— *planorbulina* (Palad)	— *nitidum* (Jenyns).

[1] Voir : *Les formations tertiaires et quaternaires des environs de Mâcon*, p. 51.

D'après M. Bourguignat, les caractères de cette petite faune représenteraient un climat sensiblement plus froid que notre climat actuel et comparable à celui qui règne à la vallée d'Ander-Matt et au Saint-Gothard [1].

Immédiatement au dessus de ces marnes bleues commencent les alluvions modernes dont il sera question plus loin.

6. — LES AFFLUENTS DE LA SAÔNE.

Le creusement de la vallée de la Saône dut nécessairement régler le creusement des petites vallées propres à ses affluents. Si, en effet, le thalweg de la Saône a varié en altitude, celui des affluents a dû subir des variations correspondantes, au moins dans le voisinage de leur confluent.

A l'époque où les eaux du lac Bressan s'élevaient à la cote 270 mètres, une partie de notre région étant submergée et encombrée d'alluvions, l'étendue des cours d'eau se trouvait fort restreinte et limitée à la partie supérieure de leurs vallées.

La petite Grosne avait son embouchure à *la Roche-Bregnat* (Bussières).

Les ruisseaux des gorges de Sologny et de Berzé-le-Châtel ne descendaient pas plus loin que *la Croix-Blanche*.

Les ruisseaux de Vergisson et de Solutré formaient leurs deltas dans les eaux du lac à la hauteur de Davayé (*Sur-les-Bruyères* et vers l'église).

La plus grande partie de la vallée de la Mouge, dont le delta se trouvait à *Rizerolles* (Azé), se trouvait convertie en un grand golfe où se jetaient directement les petits affluents actuels de la Mouge. L'un d'eux, le Talenchant, a formé son delta entre Sathonay et Laizé.

Au dessus de la cote 270 mètres, on n'observe plus, dans

[1] Ces marnes bleues existent tout le long de la vallée de la Saône. M. Locard les a étudiées aux environs de Lyon et a publié des listes de fossiles qui complètent celle que j'ai donnée. (Voir *Bibliographie*, p. 15.)

les petites vallées supérieures, d'alluvions anciennes
stratifiées. A cette altitude, les dépôts de l'époque quaternaire changent de nature. Ils consistent en une argile
jaune ou grise emballant pêle-mêle, sans triage, des blocs
anguleux ou roulés, parfois très volumineux. On dirait un
terrain erratique glaciaire. Rien ne s'oppose, en effet, à
l'existence de petits glaciers dans le voisinage de nos sommets les plus élevés (700^m 750^m)[1], à l'époque où le lac
Bressan atteignait son niveau de 270 mètres. A ce moment,
les moraines frontales du glacier du Rhône devaient être
bien voisines de Lyon; mais elles n'avaient pas encore
atteint le coteau de Fourvières. MM. Falsan et Chantre
assignent aussi la même date aux petits glaciers du Beaujolais, dont la plus grande extension dut correspondre,
d'après eux, avec celle du grand glacier alpin[2].

C'est dans la vallée de l'Arlois, au dessus de Saint-Vérand
(route de Pruzilly), qu'existe, dans notre région, le vrai
type des formations de cette nature. Au dessous de la cote
270 mètres, le terrain erratique s'étale et forme un delta
d'alluvions stratifiées sur lequel est construit le village de
Chânes. Cette vallée, se trouvant en dehors des limites que
nous nous sommes tracées, nous nous contenterons de la
signaler à titre de renseignement.

La petite Grosne a placardé de ce terrain erratique
glaciaire ou torrentiel toute la partie supérieure de sa
vallée. On peut l'observer notamment sur le flanc droit,
entre Cenves et Pierreclos. Il ne se prolonge pas plus loin
que *la Roche-Bregnat* (Bussières), où il passe à la cote
270 mètres à des alluvions stratifiées. C'est donc, comme je
l'ai dit, sur ce point que s'est formé le delta de la petite
Grosne dans le lac Bressan.

[1] Ces sommets ne sont pas compris dans notre carte. Ils appartiennent
au bassin supérieur de la petite Grosne.
[2] Falsan et Chantre, *loc. cit.*, pp. 59, 384 et suiv.

Des alluvions stratifiées peuvent s'observer le long de la vallée inférieure, notamment sur les coteaux de Charnay, du *Voisinet*, où sont ouvertes plusieurs carrières de sable. J'ai recueilli dans ces sables des molaires d'éléphant (*E. primigenius*).

Le plateau du *Voisinet* est couvert de gros blocs de grès ou de poudingues siliceux des argiles à silex, amenés sans doute par le ruisseau de Chevagny. Quelques-uns de ces blocs mesurent près d'un demi-mètre cube. Il faut supposer aux eaux qui les ont charriés une puissance bien supérieure à celle du cours d'eau actuel, ou peut-être même l'intervention des glaces.

Ce fait est constant. Les matériaux les plus volumineux se trouvent toujours dans les alluvions des niveaux supérieurs. C'est-à-dire que l'énergie des cours d'eau a considérablement diminué depuis le début des temps quaternaires et qu'elle a eu son paroxysme à l'époque glaciaire.

Dans la vallée de la Mouge, le terrain erratique ne descend pas plus bas que le hameau de *Rizerolles* (Azé), où il est disposé sous la forme d'un cône de déjection ou d'un bourrelet morainique, au milieu duquel la Mouge s'est frayé un passage par une érosion de 30 mètres. Le sommet du cône est à 280 mètres d'altitude. Il s'étale en éventail sous le hameau de *Rizerolles* et le village d'Azé et passe, à la cote de 270 mètres, à des alluvions stratifiées qui occupent le fond de la vallée.

Les cônes de déjection qui se trouvent à l'issue de nos petites vallées calcaires, à la cote d'environ 270 mètres, consistent en une argile jaune ferrugineuse emballant sans stratification apparente des fragments siliceux plus ou moins roulés provenant des roches jurassiques. C'est de l'argile à chailles remaniée (voir § 2).

On peut étudier des dépôts de cette nature au débouché

des vallées de Solutré et de Vergisson. Ils se sont répandus, d'une part, sur le mamelon que couronne l'église de Davayé ; de l'autre, sur un second mamelon situé en face, au lieu dit *les Bruyères*.

Ces formations n'existent plus qu'à l'état de lambeaux très dégradés par les agents atmosphériques.

Ellés sont généralement cultivées en vignes.

7. — CREUSEMENT DES VALLÉES.

A en juger par les alluvions que nos cours d'eau ont laissées à différentes hauteurs sur les flancs de leurs vallées, on est en droit de conclure qu'ils ont opéré, depuis l'origine des temps quaternaires, des érosions assez profondes. La puissance de l'érosion varie suivant les points où on l'observe.

Nous avons vu que, dans la vallée de la Saône, on constate une érosion de 100 mètres, et ce creusement était terminé avant la fin de l'époque quaternaire, puisque la rivière coule maintenant au niveau des marnes bleues qui représentent la fin du régime quaternaire et sont un premier dépôt de remplissage.

2. — Terrains résultant de la décomposition des roches sur place par les agents atmosphériques.

Depuis que le pays a pris son relief actuel, les agents atmosphériques n'ont cessé d'exercer leur action sur les roches et les terrains qui affleurent à la surface.

A propos de chaque zone, nous avons déjà indiqué quels étaient les résultats de cette décomposition atmosphérique. Je n'y reviendrai pas.

Nous examinerons seulement dans ce chapitre quelques formations qui paraissent être en relation étroite avec les phénomènes particuliers à l'époque quaternaire.

1. — ARGILE A CHAILLES.

La décomposition sur place des roches jurassiques calcaires renfermant des rognons siliceux a donné naissance à ce qu'on appelle l'argile à chailles. Le calcaire se trouvant dissous et entraîné par les eaux pluviales chargées d'acide carbonique, il n'est resté que le résidu insoluble de ces roches consistant en une argile plus ou moins ferrugineuse emballant des rognons de silex. Ces rognons sont souvent très légers et friables. Par suite de l'élimination du calcaire qu'ils renfermaient, il n'est resté en quelque sorte que leur squelette siliceux.

Ces effets ne sont rendus sensibles que par le résidu insoluble des roches. Si elles ne contiennent pas de silice ou si elles n'en renferment qu'en petite quantité, les termes de comparaison manquent pour apprécier l'intensité des phénomènes de dissolution. Mais on ne peut douter que tous nos affleurements calcaires aient été plus ou moins atteints par l'action dissolvante des eaux chargées d'acide carbonique.

L'étage bajocien et surtout l'étage bathonien, dont quelques zones sont toutes pétries de rognons siliceux, ont fourni la majeure partie de nos argiles à chailles.

Ces effets de décomposition se poursuivent sans doute encore de nos jours ; mais ils paraissent avoir eu aux époques antérieures une bien plus grande activité. On voit, en effet, sur nos sommets de montagnes, des roches trouées, perforées, cannelées par les eaux dissolvantes, se couvrir de lichens, ce qui indique bien que le phénomène d'érosion est suspendu ou très réduit[1]. Un fait certain est que les cônes

[1] En voici une autre preuve : de nombreux touristes ont l'habitude d'écrire leurs noms sur les parois des roches de Solutré et de Vergisson. Or, j'ai observé, à Vergisson, sur une paroi exposée directement aux pluies chassées par le vent d'ouest, si fréquentes dans nos pays, le nom d'un de ces visiteurs, E. LEMOINE, tracé simplement au trait avec la pointe d'un couteau et aussi net que s'il venait d'être gravé. Il porte cependant la date de 1735.

de déjection formés à l'époque glaciaire, au débouché de nos petites vallées jurassiques, à la limite des hautes eaux du lac Bressan, sont exclusivement composés d'argile à chaille, qu'on retrouve rarement au dessous de la cote 270 mètres. De deux choses l'une, ou bien l'argile à chailles s'est produite avec une activité particulière à l'époque quaternaire, et l'on peut supposer, en effet, que l'abaissement de la température, permettant aux eaux pluviales de tenir en dissolution une plus forte proportion d'acide carbonique, augmentait leur puissance chimique ; ou bien les agents quaternaires n'ont fait que remanier les détritus qui s'étaient accumulés à la surface de nos roches pendant la période tertiaire. Il faut bien songer que l'époque quaternaire et sa phase glaciaire datent pour ainsi dire d'hier, comparées aux siècles innombrables qui ont dû s'écouler depuis l'émergément de la contrée aux temps éocènes. Nos sommets de montagnes étaient déjà vieux, usés et couverts de ruines quand les frimas et les pluies diluviennes de l'époqué glaciaire vinrent leur livrer un nouvel assaut[1].

L'argile à chailles offre un développement remarquable sur la colline à l'O. de Fuissé, où elle recouvre parfois d'un manteau de plusieurs mètres d'épaisseur la roche bathonienne qui l'a engendrée (lieux dits : *les Châtaigniers, les Taches, la Combette*)[2]. On peut l'étudier aussi sur les bruyères de Davayé, où l'on voit les chailles bathoniennes et bajociennes abondamment répandues à la surface du callovien et de l'oxfordien.

---

[1] On peut rattacher à la formation de l'argile à chailles celle des puits à cannelures. (Voir plus loin, § 6.)

[2] Il est assez difficile d'admettre que cette masse considérable d'argile soit uniquement le résidu de la décomposition sur place. On peut se demander s'il ne s'est pas produit là quelque chose d'analogue à la formation de l'argile à silex, c'est-à-dire une véritable épigénie de la roche bathonienne et une substitution de l'argile au calcaire.

Les meilleures vignes de Fuissé et de Pouilly (vins blancs) sont dans l'argile à chailles.

2. — ÉBOULIS DES PENTES.

Les escarpements de nos roches jurassiques ont engendré, par leur désagrégation séculaire, des éboulis parfois considérables qui s'étalent en talus à leur base.

Ces talus d'éboulement sont formés de fragments de roche anguleux, disposés par couches successives qui se recouvrent suivant la direction des pentes.

Il n'est pas rare d'y trouver des débris d'animaux qui, en Mâconnais, appartiennent exclusivement à la faune quaternaire. La répartition des espèces dans ces éboulis permet de constater que l'apport moderne y est très peu considérable.

L'éboulis le plus intéressant à étudier est celui de Solutré, où abondent, comme l'on sait, les débris de la faune et de l'industrie humaine quaternaire. Il a été l'objet de travaux auxquels nous renvoyons le lecteur (voir la *Bibliographie*, p. 13). Nous nous bornerons simplement à mentionner ici les conclusions générales auxquelles nous avons été conduit. Il résulte de l'ensemble des faits observés :

1° Que l'éboulis actuel n'a commencé qu'avec l'époque quaternaire [1] ;

2° Que, dès la base, on y trouve des débris de la faune quaternaire et de l'industrie humaine ;

3° Que sa formation a été vraisemblablement assez longue parce qu'on y constate trois phases successives pendant lesquelles la faune locale et l'industrie humaine ont sensiblement varié (voir plus loin, 3-7) ;

[1] Il a dû exister au pied de toutes nos falaises jurassiques des éboulis tertiaires. On ne peut expliquer leur absence que par la violence des phénomènes diluviens qui ont dû les balayer au début des temps quaternaires.

4° Enfin, que l'apport détritique des temps modernes est à peu près nul.

J'ajouterai que l'éboulis de Solutré est certainement postérieur à l'argile à chailles, puisqu'il n'a pas subi au même degré les actions chimiques dissolvantes qui ont engendré cette formation. De plus, il est postérieur au creusement des vallées, car il s'étale jusqu'au fond de la petite vallée de Solutré. Enfin sa faune ne représente pas, même dans la zone inférieure, la faune quaternaire la plus ancienne. En effet, on n'y trouve pas le *Rhinoceros ticho-rhinus*, qui est commun dans d'autres stations du bassin de la Saône, ni, à plus forte raison, l'*Elephas intermedius* et le *Rhinoceros Jourdani*, du lehm.

Le maximum de puissance du terrain détritique y est de 8 à 10 mètres.

3. — REMPLISSAGE DES FENTES DE ROCHER.

Quelques fentes de rocher des environs de Mâcon ont restitué des débris d'animaux quaternaires qui y avaient été enfouis. Le terrain de remplissage consiste généralement en une argile plus ou moins ferrugineuse, pétrie souvent de grains d'oxyde de fer pisolithique, et mêlée de fragments de roche anguleux.

A *la Grange-Murger* (Solutré), une fente du lias à gryphées, vidée par le propriétaire du champ, contenait les débris d'un éléphant antique (*E. antiquus*).

J'ai exploré, dans les carrières bajociennes d'*Appeugny* (Saint-Sorlin), à plus de 300 mètres d'altitude, une crevasse où se trouvait, à travers l'argile ferrugineuse, la faune suivante :

Elephas (lamelle d'ivoire).	*Rhinoceros tichorhinus* (molaires).
Hyæna spelæa (une dent).	*Cervus larandus* (métatarse).

J'ai eu récemment l'occasion de retirer d'une étroite fissure des carrières de *Monsard* (Saint-Sorlin) les squelettes de deux rennes, l'un très vieux, l'autre jeune, enfouis à 7 mètres de profondeur dans une argile assez fine, recouverte de débris anguleux de la roche bajocienne.

Il faut admettre que ces fentes étaient béantes au début de la période quaternaire et qu'elles se sont remplies depuis cette époque.

4. — GROTTES.

Il existe un petit nombre de grottes dans nos roches bathoniennes et surtout bajociennes. La plus intéressante est la grotte *des Tanières*, à Vergisson. Elle a été explorée, il y a quelques années, par M. de Ferry, qui y a recueilli, au milieu d'un limon ferrugineux, un assez grand nombre de silex taillés (du type moustiérien de M. de Mortillet) et des ossements appartenant aux animaux de la faune quaternaire : l'éléphant, le cheval, le bœuf, le renne, le grand ours, le lion, l'hyène, le loup, le renard et la tortue. C'est la seule grotte des environs de Mâcon qui ait restitué des débris paléontologiques.

Je citerai encore deux petites grottes à *Vaux-Verzé*, dans le bajocien, l'une à *la butte de la Follatière*, l'autre dite *la voûte de la veuve Bridet*, du nom d'une vieille femme qui y avait élu domicile. Cette dernière grotte paraît avoir renfermé quelques traces de l'époque de la pierre polie. M. de Ferry y avait recueilli une petite pointe de flèche en silex.

A *la Croix-Blanche* (Sologny), on peut voir des maisons adossées à des abris sous roche qu'on a utilisés comme caves. Non loin de là, dans le bois *des Furtins*, il existe une caverne assez spacieuse, qui fut habitée jadis. On y observe

encore des restes de murs et de porte. L'accès en est difficile. On ne peut y pénétrer qu'en rampant.

Les travaux du chemin de fer de Paray avaient fait
découvrir, il y a quelques années, sur le territoire de Milly,
une fente étroite, mais assez profonde, dans le calcaire à
polypiers, tapissée de belles stalactites qui ont été brisées et
emportées par les premiers visiteurs.

Je ne citerai que parce que M. de Lamartine lui a fait
l'honneur d'une mention un petit abri sous roche au N. des
escarpements de *Monsard* (Milly), sans aucune importance
géologique. Il y a des fissures du même genre à Solutré,
sous la Roche, à la carrière de marbre, au *Mont de Pouilly*.

5. — ÉPOQUE PLUVIAIRE.

Quelques auteurs, frappés de l'importance des phénomènes diluviens à l'époque quaternaire, ont pensé devoir
les rapporter à une période pluviaire qui aurait accompagné
la période glaciaire. Il est certain que le creusement des
vallées, le transport d'énormes masses d'alluvions, le volume
considérable et la puissance des cours d'eau quaternaires,
peuvent être la conséquence d'un régime pluviaire très
intense. Mais il ne me semble pas qu'il y ait lieu d'en
faire une époque géologique distincte, parce que tous ces
effets sont étroitement liés aux phénomènes glaciaires qui
supposent eux-mêmes un climat humide et devaient
engendrer de grandes masses d'eau de fusion.

Quoi qu'il en soit, on ne peut contester la puissance des
phénomènes diluviens[1] au début de l'époque quaternaire.
On les rencontre à chaque pas. En dehors même de l'action

[1] C'est donc à tort que quelques auteurs, sous l'empire de préoccupa-
tions antibibliques, ont prétendu supprimer du vocabulaire géologique
le mot *diluvium* si souvent employé jadis. En réalité, les terrains
quaternaires sont ou glaciaires ou diluviens, suivant les causes particu-
lières qui les ont engendrés. Mais les uns et les autres se rattachent
aux mêmes causes générales.

des cours d'eau proprement dits, tous les terrains meubles ou susceptibles de se détremper, ont subi des effets considérables de lévigation et de charriage sur les pentes. Les marnes du lias, du bathonien et de l'oxfordien ont éprouvé des érosions et des glissements dont on voit des exemples remarquables sur les coteaux à l'O. de Chazoux et de Levigny (marnes bathoniennes) et au pied de la roche de Solutré (marnes du lias).

6. — PUITS A CANNELURES.

Peut-être faut-il attribuer aux agents quaternaires les nombreux puits à cannelures que l'on rencontre sur nos sommets bajociens de Solutré, de Vergisson et de *Monsard* (Milly). Ce sont des fentes naturelles sur les parois desquelles les eaux dissolvantes ont creusé des cannelures verticales qui commencent dans le calcaire à polypiers et se poursuivent en descendant jusque dans le calcaire à entroques. Ces cannelures paraissent correspondre aux amas irréguliers de silice dont le calcaire à polypiers est imprégné et qui, faisant obstacle aux actions dissolvantes, ont protégé le calcaire sous-jacent. Elles se sont bien certainement produites depuis le dernier soulèvement, puisqu'elles sont très sensiblement verticales. Mais les fentes devaient exister déjà antérieurement. A Solutré, on retrouve, au fond de ces puits, des débris de roches supérieures au calcaire à polypiers, mais qui ont disparu depuis l'arasement éocène. Les fentes étaient donc ouvertes déjà au moment de l'arasement puisqu'elles en ont reçu les résidus[1].

[1] Peut-être faut-il rattacher l'origine de ces puits à cannelures aux mêmes causes qui ont engendré l'argile à chailles. Il est certain qu'à l'époque quaternaire ou même à une époque plus ancienne, toutes nos roches ont été attaquées par des agents qui les ont profondément entamées. Mais cela n'est pas plus récent que les débuts des temps quaternaires.

Ces cannelures se recouvrent actuellement de lichens. .
Leur formation ne se poursuit plus par conséquent.

7. — LA FAUNE QUATERNAIRE ET L'ANCIENNETÉ DE L'HOMME.

La faune quaternaire, tout en conservant, pendant toute
la durée de cette époque, son caractère singulier résultant
du mélange d'animaux appartenant à la faune boréale et à
la faune méridionale, présente néanmoins des variations
très sensibles.

L'éléphant antique et l'hippopotame (*H. amphibius*) qui
caractérisent les dépôts archéologiques quaternaires les plus
anciens du nord de la France n'existent pas dans notre
quaternaire de la vallée de la Saône. On ne les a signalés aux
environs de Lyon que dans des gisements antérieurs à la
grande extension des glaciers, appartenant probablement
au tertiaire supérieur. En Mâconnais, l'éléphant antique ne
s'est rencontré, jusqu'à présent, que dans un remplissage de
fente de rocher, à Solutré, à une altitude de plus de 400
mètres, ce qui ne nous donne pas sa position stratigraphique
par rapport aux alluvions.

Notre quaternaire le plus ancien, représenté par le lehm,
qui correspond à la fin de la période glaciaire, renferme
deux espèces bien caractéristiques et qu'on ne retrouve plus
dans les dépôts quaternaires plus récents. Ce sont :
l'*Elephas intermedius* (Jourdan), très voisin de l'*Elephas
antiquus*, et le *Rhinoceros Jourdani* (Lortet et Chantre),
qui tient à la fois du *R. tichorhinus*, du *R. Merckii* et du
R. megarhinus.

Voici la liste des fossiles du lehm des environs de Lyon,
telle que l'ont donnée MM. Lortet et Chantre[1] :

Canis lupus (Linné).	*Ursus arctos* (Linn.)
Ursus spelæus (Blumenbach)..	*Elephas primigenius* (Blum.)

[1] Archives du Muséum d'histoire naturelle de Lyon, t. I, p. 76.

Elephas intermedius (Jourdan).	*Bison priscus* (Bojan.)
Rhinoceros tichorhinus (Cuvier).	*Megaceros hibernicus* (Owen.)
— *Jourdani* (Lortet et Chantre).	*Cervus claphus* (Linné).
Equus caballus (Linné).	— *tarandus* (Linné).
Sus crofa, var. (Linné).	— *capræolus* (Linné).
Bos primigenius (Bojanus).	*Arctomys primigenia* (Kaup.)
	Sorex... (Wagler).

MM. Lortet et Chantre ont ajouté à cette liste deux espèces qui ne me paraissent pas devoir y être introduites. C'est d'abord l'éléphant antique, trouvé non pas dans le lehm, mais à la limite du lehm, dans les argiles de Villevert et dans les alluvions de *Port-Maçon*, près de Saint-Germain-au-Mont-d'Or, vraisemblablement pliocènes ; puis l'homme rencontré à Toussieux (Isère) dans des conditions d'âge et d'authenticité trop incertaines pour qu'on puisse admettre le fait sans des réserves formelles, d'autant plus qu'on n'a jamais trouvé dans le lehm d'instruments en silex taillés.

L'homme n'apparaît avec certitude dans le bassin de la Saône qu'avec une faune très voisine de la précédente, mais modifiée déjà par la disparition de l'*Elephas intermedius* et du *Rhinoceros Jourdani*. La grotte de Germolles, aux environs de Chalon, explorée par M. Ch. Méray, offre un bon type de cette époque. L'industrie est caractérisée par des hachettes amygdaloïdes taillées sur les deux faces (type de Saint-Acheul), accompagnées de couteaux, de grattoirs, etc., mais on n'y trouve pas de pointes de flèche. La faune comprend : le mammouth, le rhinocéros, l'ours des cavernes, l'hyène, le lion, le renne, le cheval, le grand bœuf, le sanglier, le loup, le renard, le blaireau, un cerf.

Nous avons à Charbonnières, en Mâconnais, sur les bords du petit ruisseau du Biétors (parc de M. de Lachesnays), une magnifique station archéologique, découverte par M. de Ferry, et caractérisée par une industrie identique à celle de

Germolles. Malheureusement, il ne s'y trouve pas de faune associée, mais le type industriel permet de rapporter notre gisement de Charbonnières à la même époque que celui de Germolles. Sous ce rapport, l'identité est parfaite.

A Charbonnières, la station archéologique est à la surface d'un petit vallon d'érosion, à 190 mètres d'altitude, soit à 20 mètres au dessus de la Saône et à quelques mètres seulement au dessus de la Mouge.

La grotte de Germolles est à 210 mètres d'altitude, soit à 5 mètres seulement au dessus de la petite rivière l'Orbize, qui passe à peu de distance.

On en peut conclure que nos gisements quaternaires caractérisés comme les plus anciens, soit par la faune, soit par l'industrie, correspondent à une époque où les vallées étaient à peu près creusées comme elles le sont aujourd'hui. Quand l'homme vivait à Germolles et à Charbonnières, les eaux du lac Bressan ne venaient donc plus baigner nos coteaux. La Saône coulait paisiblement au fond de sa vallée. Le glacier du Rhône avait battu en retraite et abandonné les collines lyonnaises.

M. Tardy, cherchant à établir un synchronisme entre les différentes phases du creusement des vallées et les phases correspondantes du retrait des glaciers, est arrivé à conclure que, lorsque l'homme est apparu pour la première fois sur les bords de la Saône (à une époque correspondant à la terrasse à 20 mètres), le glacier du Rhône était alors en retrait au débouché du Valais. « La distance du Saint-Gothard au Bouveret ou à Villeneuve, ajoute-t-il, ne représentant que le tiers ou le quart du cours du Rhône en amont de Lyon, on peut hardiment dire que l'homme n'est arrivé en Europe, à Saint-Acheul, que vers le début du dernier huitième ou sixième de la longue série quaternaire[1]. »

[1] *Bulletin de la Société géologique de France*, 3ᵉ série, t. v, p. 729.

Ces conclusions n'ont rien qui doivent surprendre si l'on tient compte de tout ce qui s'est passé entre l'époque de la grande extension des glaciers et l'arrivée de l'homme dans la vallée de la Saône : la formation du barrage de Lyon, le lac qui en a été la conséquence, le dépôt du lehm et des alluvions des hauts niveaux, le creusement de la vallée à 80 mètres au dessous de son thalweg primitif, la transformation de la faune et notamment la disparition de deux espèces : l'éléphant intermédiaire et le rhinocéros de Jourdan.

Nos stations de Germolles et de Charbonnières, si l'on en juge par la faune, pourraient être un peu plus récentes que celles de la vallée de la Somme, où l'on trouve l'éléphant antique et l'hippopotame. L'industrie est à peu près la même, mais nous avons un type, le grattoir, qui n'existe pas dans les alluvions classiques de la Picardie. Nos hachettes amygdaloïdes sont identiques à celles de Saint-Acheul.

On a vu précédemment que l'éboulis de Solutré se compose de trois zones superposées.

Dans la zone inférieure, l'industrie est analogue à celle de Germolles et de Charbonnières. Les hachettes amygdaloïdes y sont plus rares et plus grossières. On y rencontre de très grands éclats ou couteaux accompagnés de grattoirs absolument semblables à ceux que nous retrouverons encore dans la zone supérieure.

La faune est représentée par les espèces suivantes :

Elephas primigenius (Blum.)	*Canis lupus* (Linn.)
Felis spelæa (Goldf.)	*Canis vulpes* (Linn.)
Felis lynx (Linn.)	*Mustela putorius* (Cuv.)
Ursus spelæus (Goldf.)	*Meles taxus* (Schreb.)
Ursus arctos (Linn.)	*Arctomys primigenius* (Kaup.)
Hyæna spelæa (Goldf.)	*Cervus tarandus* (Linn.)

Cervus canadensis (Linn.)
Antilope saïga (Pallas).
Bos primigenius (Bojan).

Equus caballus (Linn.)
Lepus timidus (Linn.)

Le rhinocéros et le sanglier manquent à cette faune. Les grands carnassiers y sont encore abondants. L'absence du rhinocéros m'engage à considérer ce gisement comme plus récent que celui de Germolles. Sa position stratigraphique, immédiatement au dessous des couches de l'âge du renne, confirme cette manière de voir. La station de la grotte de Vergisson paraît se rapporter à la même époque.

Je ne sais s'il faut faire une période distincte de la zone moyenne où règnent presque exclusivement les débris de chevaux. Par son industrie, elle semble devoir être rattachée aux couches inférieures.

Par dessus viennent les foyers de l'âge du renne proprement dit. Des extinctions nouvelles se sont produites. Nous ne retrouvons plus à ce niveau ni l'hyène ni le grand ours. Le lion n'y est représenté que par un fragment de canine. Les survivants sont :

Elephas primigenius.
Cervus tarandus.
Cervus canadensis.
Bos primigenius.
Equus caballus.

Ursus arctos.
Canis lupus.
Canis vulpes.
Lepus timidus.
Quelques oiseaux indéterminés

Le cheval et surtout le renne sont extrêmement abondants. L'industrie humaine s'enrichit de types nouveaux. On voit apparaître la flèche et la lance sous la forme de pointes de silex admirablement taillées, puis des os travaillés en grand nombre pour servir d'outils, d'ornements, de marques de chasse, etc., et, enfin, des essais de sculpture sur pierre et de gravure sur os.

En résumé, toutes nos stations quaternaires sont post-glaciaires et appartiennent même à une phase relativement récente des temps quaternaires. Les modifications de la faune et de l'industrie permettent de les subdiviser en trois périodes justifiées par la stratigraphie. Charbonnières représenterait la plus ancienne ; Solutré inférieur la suivante ; Solutré supérieur la plus récente, correspondant à ce qu'on est convenu d'appeler l'âge du renne.

Cet âge du renne représente-t-il, comme quelques auteurs le prétendent, *un retour* à un climat sec et froid ? Je ne le pense pas. Le développement que prirent alors les grands herbivores suppose, au contraire, une végétation abondante, inconciliable avec une recrudescence du froid. Il est plus naturel de penser que le climat continuait son évolution lente et s'acheminait peu à peu vers ce qu'il est aujourd'hui. La prédominance des dépouilles de renne dans les débris de cuisine de Solutré peut être due soit à la diminution des grands carnassiers, soit à un goût particulier des chasseurs de la tribu, soit enfin à la domestication. Au reste, il n'est pas étonnant que cet animal ait continué à prospérer plus longtemps qu'ailleurs dans nos districts montagneux. Il est à remarquer que les stations de l'âge du renne sont toutes groupées autour des Alpes, des Pyrénées, du plateau central, c'est-à-dire de régions montagneuses. La physionomie spéciale de ces stations peut donc être attribuée à des circonstances locales plutôt qu'à des influences climatériques générales.

Nous n'avons, en Mâconnais, aucune station qui fasse la transition entre l'époque quaternaire et les temps modernes, je veux dire l'âge de la pierre polie. Les marnes bleues de la Saône renferment encore une faune quaternaire bien caractérisée. Puis, par dessus, sans transition, commencent les limons jaunes de l'alluvion moderne, où l'on ne trouve plus que des espèces vivantes. L'industrie de la pierre polie n'apparaît qu'à la partie moyenne de cette alluvion. Elle est séparée de la fin des temps quaternaires par une véritable lacune archéologique.

La classification de nos stations quaternaires pourrait se résumer ainsi :

CLASSIFICATION DES STATIONS ARCHÉOLOGIQUES QUATERNAIRES

DANS LE BASSIN INFÉRIEUR DE LA SAONE.

<table>
<tr>
<th colspan="3">CLASSIFICATION
GÉOLOGIQUE.</th>
<th colspan="3">CLASSIFICATION ARCHÉOLOGIQUE.</th>
<th colspan="2">CLASSIFICATION
PALÉONTOLOGIQUE.</th>
</tr>
<tr>
<td rowspan="6">ÉPOQUE QUATERNAIRE.</td>
<td rowspan="4">PÉRIODE POSTGLACIAIRE.</td>
<td rowspan="4">Alluvions des bas niveaux à moins de 40 mètres au-dessus de l'étiage actuel des cours d'eau.</td>
<td rowspan="4">ÉPOQUE PALÉOLITHIQUE.</td>
<td>Epoque solutréenne de M. de Mortillet ; taille du silex par petits éclats ; pointes de flèches et de lances en losange ; essais de sculpture sur pierre et de gravure sur os.</td>
<td>Couches supérieures de l'éboulis de Solutré.</td>
<td>Age du renne.</td>
<td>Grande abondance du renne, sans l'Ursus spelæus ni l'Hyæna spelæa.</td>
</tr>
<tr>
<td>Amas d'ossements de chevaux ; couteaux et grattoirs en silex ; pas de flèches.</td>
<td>Couches moyennes de l'éboulis de Solutré.</td>
<td>Age du cheval.</td>
<td>Prédominance du cheval.</td>
</tr>
<tr>
<td rowspan="2">Epoques moustérienne et acheuléenne de M. de Mortillet. Pointes amygdaloïdes taillées à grands éclats sur les deux faces. Pointes taillées d'un seul côté ; grattoirs ; couteaux ; racloirs. Pas de flèches. Os travaillés abondants.</td>
<td>Couches inférieures de l'éboulis de Solutré. Grotte de Vergisson.</td>
<td>Age du grand ours</td>
<td>Avec l'Ursus spelæus et l'Hyæna spelæa, sans le Rhinoceros tichorhinus.</td>
</tr>
<tr>
<td>Stations de Charbonnières et de Germolles.</td>
<td>Age du rhinocéros tichorhinus.</td>
<td>L'homme avec le Rhinoceros tichorhinus, sans l'Elephas antiquus ni le Rhinoceros Jourdani.</td>
</tr>
<tr>
<td rowspan="2">PÉRIODE GLACIAIRE.</td>
<td rowspan="2">Alluvions des hauts niveaux à plus de 40 mètres au-dessus de l'étiage actuel des cours d'eau.</td>
<td colspan="3">Lehm et alluvions du lac bressan.
Pas de traces de l'industrie humaine.</td>
<td colspan="2">L'Elephas intermedius et le Rhinoceros Jourdani, sans l'homme.</td>
</tr>
<tr>
<td colspan="3">Terrain erratique.
Sans traces de l'industrie humaine.</td>
<td colspan="2">Fossiles remaniés.</td>
</tr>
<tr>
<td>PÉRIODE PRÉGLACIAIRE</td>
<td colspan="4">Alluvions préglaciaires (zones supérieures).
Sans traces de l'industrie humaine.</td>
<td colspan="2">L'Elephas antiquus, sans l'homme.</td>
</tr>
</table>

8. — L'HOMME QUATERNAIRE.

Notre ancêtre quaternaire, tel qu'il nous est révélé par les nombreuses sépultures de l'âge du renne retrouvées à Solutré, est constitué homme dans toute la force du terme. Il appartient à deux types : l'un à tête courte (brachycéphale et mésaticéphale), et de petite taille ; l'autre à tête longue (dolichocéphale), de grande taille et puissamment constitué. Le premier de ces deux types n'a été rencontré encore qu'à Solutré et en Belgique, dans des gisements quaternaires. Le second est assez répandu dans les stations françaises de cette époque, à la Madeleine, à Laugerie-Basse, à Bruniquel, aux Eyzies, à Grenelle près Paris, à la grotte de Forges, à celles d'Aurignac et de Gourdon, ainsi qu'à Aurenson et, enfin, à Menton. Cette race, que MM. de Quatrefages et Hamy ont qualifiée de race de Cro-Magnon, du nom d'une station du Périgord, où elle a été observée, aurait encore, d'après les mêmes auteurs, des représentants parmi les populations actuelles de la Kabylie et surtout chez les guanches de Ténériffe. On sait que M. le docteur Pruner-bey croyait, au contraire, trouver les affinités ethniques de nos Solutréens de l'âge du renne parmi les populations circumpolaires, chez les Lapons, les Finnois, les Esthoniens et les Esquimaux.

Nos chasseurs de rennes ne connaissaient pas les métaux. Ils se fabriquaient des outils et des armes avec le silex pyromaque qu'ils allaient recueillir dans les gisements naturels de silex, probablement à Charbonnières, sur les bords du Biétors. Ils vivaient du produit de leur chasse, particulièrement de renne et de cheval, dont on trouve les dépouilles entassées par milliers autour de leurs huttes enfouies sous l'éboulis au pied de la roche de Solutré.

Ils enterraient leurs morts au fond des huttes, dans le foyer même de l'habitation, transformée ainsi en foyer funéraire.

Ce respect des morts et quelques essais de sculpture, retrouvés parmi les débris de leurs primitives demeures, montrent que les Solutréens de l'âge du renne n'étaient point des sauvages aussi grossiers que quelques auteurs se plaisent à le dire.

Soit que la tribu de Solutré fût nombreuse, soit qu'elle ait séjourné longtemps sur ce point, les amoncellements de débris de cuisine y atteignent une importance prodigieuse. Pour en donner une idée, je rappellerai seulement que nous évaluons à plus de 100,000 le nombre des chevaux dont nous avons exhumé les ossements, M. l'abbé Ducrost et moi, pendant le cours de nos travaux d'exploration.

TERRAINS MODERNES.

L'époque géologique où nous vivons n'est en réalité que la continuation de l'époque quaternaire. Aussi est-il souvent difficile de tracer une limite entre les formations quaternaires et les formations actuelles. On est convenu d'attribuer à l'époque actuelle les terrains où l'on ne trouve d'autres dépouilles d'animaux que celles des espèces contemporaines. Mais ce criterium fourni par la paléontologie manque fréquemment, et l'on n'a plus alors pour se guider que des considérations empruntées à la stratigraphie.

XXI.

TERRES VÉGÉTALES, ÉBOULIS, ALLUVIONS.

Les terres végétales doivent leur origine soit à la décomposition des roches sur place, soit aux éboulis, soit aux alluvions.

La décomposition des roches sur place continue à se produire quoique avec une intensité moindre que par le passé. Mais les travaux de culture peuvent accélérer considérablement les effets dus aux agents atmosphériques. Rien ne favorise mieux la désagrégation des roches tendres et mar-

neuses que les minages et les travaux agricoles qu'elles ont
à subir périodiquement. Je n'ai pas besoin de rappeler que
la nature des terres végétales dépend des roches qui les ont
engendrées. Nous avons traité cette question à propos de
chaque zone géologique.

Les mêmes observations s'appliquent aux éboulis, formés
de débris détachés des sommets qui les dominent. Les
notions d'orographie mâconnaise, précédemment exposées
(ch. XIX, p. 112), ont montré que toutes nos collines sont
formées de deux zones distinctes : des roches compactes
constituent leurs sommets et des roches marneuses servent
d'assiette à leur base. A l'époque quaternaire, les actions
diluviennes attaquant énergiquement les couches marneuses, les assises superposées se sont effondrées, donnant
naissance aux puissants éboulis signalés comme particuliers
à cette époque. L'histoire de toutes nos montagnes est plus
ou moins celle du colosse aux pieds d'argile.

Aujourd'hui, ces effets d'éboulis, par suite d'érosion ou
de glissement, sont devenus rares. Les agents atmosphériques et surtout la gelée, viennent seuls ajouter chaque
année quelques débris aux amas de décombres qui s'étalent
au pied de tous nos escarpements.

Enfin, les cours d'eau transportent et accumulent, sous la
forme d'alluvions stratifiées, les matériaux de toute nature
que les pluies enlèvent aux parois de leurs vallées. Ces
alluvions varient suivant la nature géologique de chaque
bassin.

La vallée la plus intéressante à étudier sous ce rapport,
est celle de la Saône.

XXII.

ALLUVIONS MODERNES DE LA SAONE [1].

Nous avons vu qu'à la fin de l'époque quaternaire, la région à laquelle appartient la vallée de la Saône a dû participer à un affaissement général du sol de nos contrées et qu'une phase de remblai a succédé à une période d'érosion.

Les marnes bleues du lit de la Saône, représentent le début de ce régime nouveau, et le terme supérieur des formations quaternaires.

Les alluvions d'une rivière à cours paisible, comme la Saône, sont de deux sortes : les unes sableuses, entraînées par la force mécanique des eaux, ne dépassent pas les limites de son lit ordinaire ; les autres, limoneuses, sont déposées sur les points submersibles de la vallée, pendant les crues d'inondation.

L'alluvion du fond de la Saône repose sur les sables et les graviers de l'ancien lit quaternaire, de même que l'alluvion moderne d'inondation recouvre les marnes bleues, et forme le sol de la prairie actuelle. L'épaisseur de cette alluvion d'inondation est de 5 mètres vers Mâcon et sa surface se trouve à la cote de 275 mètres environ. C'est un limon jaune, plus ou moins sableux, alternant parfois à sa base avec des zones brunes ou grises qui sont la continuation du régime tourbeux quaternaire. Mais, souvent aussi, on voit le limon jaune, parfaitement homogène, reposer sans transition sur les marnes bleues. Quelquefois il les pénètre et

[1] Voir A. ARCELIN. *La Chronologie préhistorique, d'après l'étude des berges de la Saône*, dans les *Annales de l'Académie de Mâcon*, t. XII, séance du 26 décembre 1873.

les ravine[1]. L'alluvion moderne représente donc un régime tout différent. Tantôt elle est très calcaire et fait effervescence avec les acides ; tantôt elle devient plus exclusivement argileuse et l'on y voit alors le carbonate de chaux disséminé sous la forme de concrétions où se trouve parfois associée de la silice.

Les fossiles du limon moderne consistent en débris de la faune actuelle et en produits assez nombreux de l'industrie humaine, dont on peut étudier la disposition en suivant, par les basses eaux, les berges de la rivière.

Je ne reproduirai pas ici l'étude détaillée que j'en ai faite ; mais il n'est pas hors de propos de rappeler mes conclusions relatives à la stratigraphie générale de l'alluvion moderne.

Les trois premiers mètres à la base sont à peu près stériles. Ils représentent une véritable lacune archéologique séparant, comme nous l'avons dit plus haut, l'époque quaternaire de l'époque de la pierre polie.

Les plus anciennes stations archéologiques commencent à environ deux mètres de profondeur. Elles représentent la période industrielle désignée sous le nom d'époque de la pierre polie ou néolithique. On peut y recueillir, outre de nombreux silex taillés, des débris de cuisine abondants, des fragments de poterie et des os travaillés. Les habitants de la vallée de la Saône étaient encore à l'âge de pierre. Ils connaissaient l'art de la poterie, possédaient des animaux

[1] D'après M. Tardy, « ce qui sépare l'époque quaternaire de l'époque actuelle est un fait géologique peu important, qui aurait passé inaperçu sans la disposition des alluvions quaternaires de la Bresse. Celles-ci, déposées par des courants, venus du sud, ont été remaniées par un courant venu du nord, entre l'époque du renne et l'époque néolithique... » « Les allures et la faible épaisseur du dépôt abandonné semblent indiquer que ce phénomène n'a eu qu'une courte durée. » M. Tardy y voit la traduction exacte du récit mosaïque du déluge de Noé. (*Bul. de la Soc. géolog.*, 3e série, t. vii; p. 402 et 416.)

domestiques, et menaient probablement une vie pastorale et agricole. Les animaux dont on rencontre principalement les restes, à ce niveau, sont le cheval, un grand bœuf, le mouton, la chèvre et le cochon ou le sanglier.

Par dessus, on peut observer les horizons archéologiques appartenant à l'âge du bronze et aux temps celtiques. Enfin, les débris de la civilisation romaine sont enfouis à une profondeur moyenne de 1 mètre.

Il y aurait une étude intéressante à faire sur la petite faune malacologique qu'on rencontre abondamment représentée dans les alluvions de la Saône et sur les variations qu'elles a subies avec le temps. Avec les stations néolithiques, on voit se multiplier les hélices terrestres, rares dans les zones inférieures. Au niveau romain, apparaît l'*Helix pomatia* dont on ne trouve pas de traces plus bas. La faune des couches les plus récentes s'est enrichie, il y a peu d'années, de la Dresseine. (*D. poly morpha* Van Beneden.)

Prenant pour unité de mesure la profondeur moyenne à laquelle se trouvent enfouies les stations gallo-romaines des berges de la Saône, j'ai cru pouvoir chercher, ainsi que l'avait fait M. de Ferry, à fixer la loi d'accroissement de l'alluvion moderne (1 mètre en 1,500 ou 1,800 ans), et par suite l'âge relatif des différents niveaux archéologiques. J'ai hasardé quelques dates et j'ai insisté sur ce qu'il y a de problématique dans des calculs établis sur des données de cette nature. Le principal intérêt de cette tentative était de montrer que, par cette voie, on n'arrive pas à des dates prodigieusement reculées, puisque l'âge maximum des marnes bleues de la Saône, représentant la fin du régime quaternaire, ne dépasserait pas 7,500 ans. Il est donc bien certain que, dans la vallée de la Saône, rien ne confirme les chronologies immenses qui ont été proposées ailleurs.

On a beaucoup discuté et très diversement apprécié

l'importance du chronomètre géologique de la Saône. Sa principale valeur résulte, comme l'a fait très justement observer M. Tardy, de la grande étendue de son profil. On sait, en effet, que les bases de mon calcul reposent sur l'étude de 84 stations réparties sur une longueur de 110 kilomètres. S'il s'y est glissé quelques erreurs d'observation, on peut facilement admettre qu'elles se compensent. De plus, je ferai remarquer que les résultats obtenus concordent avec les chiffres établis par d'autres observateurs, et notamment avec ceux de M. René Kerviler, à la baie de Penouhet[1].

L'alluvion moderne de la Saône est semée en prairies d'excellente qualité.

Au point de vue minéralogique, elle présente de grandes analogie avec le lehm quaternaire; on l'utilise aux environs de Mâcon comme terre à poterie, à briques et à pisé.

De bonnes coupes de cette formation peuvent être étudiées le long des berges de la rivière, principalement sur les rives concaves érodées par le courant.

XXIII.

CULTURES.

Dans une région comme la nôtre, où la mise en culture du sol est aussi bonne et aussi complète que possible, les géologues n'ont pas grand'chose à apprendre aux agricul-

---

[1] Voir TARDY. *Ancienneté des diverses civilisations*, dans les *Annales de l'Académie de Mâcon*, 2ᵉ série, t. I, p. 381, et dans *Bulletin de la Soc. géolog.*, 3ᵉ série, t. VI, p. 148, et aussi t. VII, p. 514,

Et A. ARCELIN. *La Chronologie préhistorique*, *d'après l'étude des berges de la Saône*, dans *Annales de l'Académie de Mâcon*, t. XII, séance du 26 décembre 1873.

teurs. Toutes les questions pratiques se trouvent à peu près résolues par l'expérience séculaire. Mais, dans certains cas, lorsqu'on se propose, par exemple, de faire l'essai méthodique d'un amendement, d'un engrais ou d'une culture nouvelle, il est fort utile de déterminer préalablement la nature du terrain et de connaître sa composition minéralogique.

D'autre part, étant donnée la relation assez constante entre les terrains et les cultures, le géologue pourra en tirer les indications utiles pour se renseigner à distance sur la nature du sol qu'il a devant lui. C'est l'agriculture qui, dans ce cas, prête son concours à la géologie. Souvent le passage des failles est très exactement jalonné par la distribution des espèces végétales sur les deux lèvres de la faille, suivant la nature des terrains qui s'y montrent.

J'ai indiqué déjà, à propos de chaque zone, la nature des cultures qui leur sont propres. Voici les conclusions générales qu'on en peut tirer :

La vigne s'étale sur tous les coteaux recouverts de terrain détritique, sur les éboulis, sur les calcaires marneux (lias moyen et supérieur, bathonien supérieur, oxfordien moyen et supérieur), sur les grès de l'infra-lias, sur les marnes triasiques et même sur les schistes carbonifères, les porphyres et les tufs. En résumé, on peut dire qu'elle prospère et donne de bons résultats dans tous les terrains. Il suffit qu'elle y trouve un sol convenablement préparé par la nature ou par l'industrie de l'homme et que les conditions d'altitude, d'exposition ainsi que le régime des eaux soient conformes à ses besoins. Mais nos meilleurs crûs des environs de Mâcon sont sur le calcaire jurassique et principalement sur le bathonien.

Les céréales sont cultivées de préférence dans les terrains argilo-siliceux, sur les plateaux d'alluvions anciennes (lehm et alluvions quaternaires) et sur les coteaux porphyriques, à des altitudes élevées.

Le littoral des cours d'eau, les alluvions modernes, le fond des vallées humides correspondant à des zones marneuses ou argileuses (marnes irisées, marnes calloviennes et oxfordiennes) sont réservés aux prairies. Les plus vastes occupent la plaine submersible des bords de la Saône.

Les affleurements calcaires, pauvres en humus (lias à gryphées, bajocien inférieur, bathonien inférieur et moyen, corallien); ainsi que les sommets formés par les roches éruptives ou siliceuses (porphyres, grès triasiques, argile à silex), sont en friches ou en bois taillis.

Nos arbres forestiers sont le hêtre, le charme, et le chêne pour les neuf dixièmes. Des reboisements opérés il y a quelques années, au moyen d'essences résineuses, ont donné des résultats encourageants. On peut voir, notamment à Solutré, sur le revers septentrional du *Mont de Pouilly*, une plantation de pins d'une bonne venue.

Il y a quelques beaux châtaigniers dans la région porphyrique de Sologny. Le châtaignier est exclusivement propre aux terrains siliceux. Cependant, à Fuissé, il réussit exceptionnellement sur le bathonien, grâce à l'épais revêtement d'argile à chailles qui s'étale à sa surface.

Le buis abonde sur tous nos affleurements calcaires; mais à l'état de buissons mutilés. Il couvrait jadis d'épaisses et hautes broussailles tous nos sommets jurassiques. Au commencement du siècle, les roches de Solutré et de Vergisson, aujourd'hui si dénudées, étaient, paraît-il, encore parées d'un superbe manteau de buis.

Voici un état statistique de nos principales cultures, d'après le dernier recensement agricole :

Froment............	2,213 h		Chanvre...........	4 h
Méteil.............	5		Prairies naturelles....	1,997
Seigle.............	34		Trèfle.............	281
Orge..............	22		Luzerne...........	310
Avoine............	116		Sainfoin...........	7
Maïs et millet......	19		Fruits	17
Sarrazin...........	55		Légumes frais.......	72
Vigne.............	5,927		Légumes secs.......	13
Betteraves.........	69		Autres menues graines	11
Colza, navette, etc..	241		Pommes de terre....	426

Ce qui peut se résumer ainsi :

Vignes.......................	5,927	hectares.
Prairies......................	1,997	—
Terres.......................	3,915	—
Bois.........................	2,339	—
TOTAL.................	14,178	hectares.

La superficie totale étant de 17,906 hectares, il resterait actuellement 3,728 hectares (c'est-à-dire près du cinquième) incultes ou occupés par des constructions.

XXIV.

RESSOURCES INDUSTRIELLES.

En décrivant chaque étage, nous avons indiqué déjà l'emploi industriel des roches entrant dans sa composition. Nous n'avons donc que peu de chose à ajouter.

Nos principales richesses consistent en matériaux de construction, d'excellente qualité.

1. — PIERRE DE TAILLE ET DE MURURE.

La pierre de taille est fournie surtout par le bajocien (calcaire à entroques et à polypiers) où l'on peut trouver des bancs

de 0 ᵐ 80 de puissance. Il y a des carrières ouvertes partout
où affleurent les roches appartenant à cet étage, à Vinzelles, Loché, Solutré, Vergisson, Berzé, Bussières.,
Saint-Sorlin, Prissé, Charnay, Chevagny, Flacé, Sennecé,
Saint-Martin, Senozan, Laizé, Hurigny, Verzé.

Les carrières les plus importantes sont celles de *la Grisière* (Flacé) et de Saint-Martin-de-Senozan. La pierre
grise de Saint-Martin est très renommée et s'exporte au
loin. Elle est compacte, d'un grain serré, égal, très résis-
tante.

Le bajocien fournit aussi la meilleure pierre de murure.
Mais on emploie pour le même usage le bathonien (Fuissé,
Davayé) et le lias à gryphées (Sologny). Le bathonien, tel
qu'il est employé à Fuissé, a l'inconvénient de renfermer
des chailles siliceuses et d'être rempli de perforations. C'est
une pierre solide mais grossière. A Davayé, on exploite de
préférence le calcaire marneux blanc jaunâtre du bathonien inférieur qui est plus compacte.

Quelques bancs du bajocien se débitent en dalles
minces, connues sous le nom de laves. On les employait
beaucoup autrefois pour les toitures, en guise de tuiles.
Mais on y a renoncé, depuis que l'usage des toits plats et
des charpentes légères s'est introduit dans le pays. Les
sépultures antiques et du moyen âge étaient fréquemment
établies au moyen de dalles bajociennes disposées en cais-
sons rectangulaires.

Le corallien crayeux donne une pierre tendre, d'une
exploitation facile, qui se débite en gros blocs, se scie aisé-
ment et se prête convenablement à la sculpture et à l'orne-
mentation. Malheureusement, il est rempli, dans notre
région, de vacuoles tapissées de carbonate de chaux, vul-
gairement appelées *tendrières* et qui nuisent à sa qualité. Il
a été surtout recherché pendant les temps antiques et au

moyen âge, c'est-à-dire avant l'invention de la poudre, ainsi qu'en témoignent les monuments anciens de la région.

. De vastes carrières avaient été ouvertes dans cet étage, à Hurigny et *aux Bouteaux* (Saint-Sorlin, 314). En 1854, un entrepreneur ayant eu la pensée de rouvrir les carrières des Bouteaux, abandonnées de temps immémorial, on trouva des médailles romaines sur l'ancien plancher, sous une couche épaisse de déblais, et les travaux mirent à découvert une inscription tracée au pinceau, en grandes lettres rouges, sur une des parois de la carrière. La voici :

D'après M. Jules Quicherat, l'écriture de cette inscription est celle des graffites romains de la belle époque de l'empire. On peut hardiment l'attribuer au second siècle de notre ère. *Ardonixa* paraît être un nom féminin d'origine gauloise.

On observe encore, dans cette antique carrière des Bouteaux, plusieurs réduits creusés artificiellement dans la roche corallienne et qui ont dû servir d'habitation. On y voit les trous rectangulaires dans lesquels devaient s'engager les solives supportant un avant-toit. Dans l'un de ces réduits sont sculptés des symboles chrétiens, des croix et un cœur.

Notre corallien prend, après une exposition prolongée à l'action de l'air, un beau ton jaune ferrugineux, comme le marbre du Penthélique.

2. — MARBRES.

Une zone du calcaire à entroques de la Grisière est exploitée comme marbre commun, sous le nom de *petit granite*. Sur sa pâte rougeâtre, qui prend bien le poli, se détachent en blanc de nombreux fragments spathiques de crinoïdes (*Pentacrinus bajocensis*). Ce marbre s'exporte au loin.

Il existe à Solutré, dans le bajocien, sur le flanc nord du *Mont de Pouilly*, une fente large de 10 à 15 mètres, remplie par du carbonate de chaux, affectant une structure cristalline et teinté de zones diversement colorées, rouges, brunes, jaunes ou grises. Ce gisement fut d'abord exploité comme marbre au siècle dernier. On voit à l'Hôtel de Ville de Mâcon (ancien hôtel La Baume de Montrevel) une cheminée faite avec du marbre de Solutré. Mais cette roche est peu cohérente, très fendillée et l'on y trouve difficilement des blocs d'un certain volume. On l'a exploitée, il y a quelques années, pour les verreries de Givors. Les travaux sont actuellement abandonnés.

3. — PIERRE A CHAUX.

L'oxfordien et le corallien donnent de la pierre à chaux de différentes qualités, chaux hydraulique, chaux grasse et chaux maigre. Il y a des carrières en exploitation à Saint-Clément-lès-Mâcon, à Charnay (*Levigny*), à Flacé (*les Perrières*) et à Sancé (*Châtenay*).

4. — PIERRE A PLATRE.

Les marnes irisées fournissent de la pierre à plâtre exploitée sur deux points, à Milly et à Berzé-la-Ville. A Milly, l'exploitation fut commencée à ciel ouvert au siècle dernier. On y avait ensuite creusé un puits et des galeries souterraines. Cette mine a été abandonnée, il y a quelques années, à la suite d'un éboulement. Celle de Berzé est de beaucoup la plus importante. Ouverte depuis plus d'un siècle, elle offre un vaste réseau de galeries très spacieuses où l'on pénètre de plein pied. Le plâtre y forme deux couches superposées, l'une inférieure, de 25 mètres de puissance (plâtre gris et plâtre à fumer), l'autre de 1 mètre (plâtre blanc), séparées par 4 mètres de marnes et inclinées sous un angle de 10 à 12° E.

Le tunnel du *Bois-Clair* a traversé également dans les marnes irisées des couches puissantes de gypse. Mais il ne faudrait pas croire que ce produit existât partout où affleurent les marnes du trias. Il y forme des amas indépendants les uns des autres et plus ou moins étendus.

5. — SABLES ET ARGILES RÉFRACTAIRES.

Les substances réfractaires de l'argile à silex sont exploitées à Flacé (*la Grisière*), à Chevagny, à Saint-Sorlin (*la Grande-Tanière, la Grande* et *la Petite-Burette, Nancelles*), dans les bois de Verzé (*Verchizeuil*) et de Sennecé (*carrière de Marverat*), enfin à Charbonnières. Ces produits sont employés surtout dans les hauts fourneaux du Creusot et dans les verreries de Givors. On a cherché à en retirer du kaolin par lévigation. Mais les frais de main d'œuvre ont fait renoncer à cette préparation, qui n'était pas assez rémunératrice.

La recherche de la terre réfractaire date de loin, probablement des débuts de la métallurgie dans nos contrées. M. Ducroux a constaté, dans son exploitation de Chevagny, l'existence de nombreux puits d'extraction forés à quarante et cinquante pieds de profondeur dans l'argile à silex. Ces puits avaient 1 mètre de diamètre. Ils étaient revêtus intérieurement de branches de châtaignier ployées en cercle, suivant la courbe des parois, pour retenir les terres. Dans le remblai, et au fond de ces anciens puits, on a retrouvé en abondance des débris de poterie. Une fibule en bronze, très certainement gallo-romaine, recueillie avec la poterie et donnée par M. Ducroux au musée de Mâcon, fixe l'époque de cette exploitation primitive. On a rencontré aussi à Chevagny, mais dans les couches superficielles, deux hachettes en pierre polie.

6. — SABLE A BATIR.

Le porphyre désagrégé (micro-granulite) est employé comme sable à bâtir ou à sabler les jardins. Il s'écrase et s'effrite facilement à l'air et prend une belle coloration rouge lorsque, le mica s'étant décomposé, il ne reste que du feldspath orthose rosé, mêlé à des grains de quartz. Il y a des carrières ouvertes dans la micro-granulite, à Vergisson, à Bussières, à Milly, à Berzé, à Fuissé, à Nancelles et à Chevagny. On emploie également, pour sabler, la grauwacke de la colline de Fuissé (lieu dit *Sur-les-Molards*.)

Le meilleur sable à bâtir provient de la Saône.

Les alluvions quaternaires à *Elephas primigenius* fournissent un gravier plus ou moins grossier, exploité à *la Lie* (Charnay), et qu'on retrouve à peu près partout sous le limon jaune du plateau quaternaire.

7. — PAVÉS.

Les grès du trias se fendent et se taillent facilement en prismes cubiques employés comme pavés d'excellente qualité. La plupart des affleurements ont été exploités, à Loché, Fuissé (bois de *Saint-Léger*), Vergisson, Sologny, Verzé (*Vaux*), Saint-Sorlin (*Nancelles*).

8. — Empierrement des routes.

Les silex de la craie, particulièrement à *la Grisière*, sont utilisés pour l'empierrement des routes. Depuis quelque temps, on emploie au même usage les grès du trias et les porphyres du *Bois-Clair*, qui sont loin de faire d'aussi bonnes routes que le silex. Ils n'ont pas comme ce dernier l'avantage de se pulvériser sans faire de boue et forment un empierrement très dur ; mais ils usent moins la ferrure.

9. — Pierres a fusil.

Pendant longtemps le silex de la Grisière a servi à la confection des pierres à fusil et des pierres à briquet. Cette industrie est abandonnée maintenant.

10. — Terre a pisé et a briques.

Le lehm quaternaire et les alluvions modernes de la Saône sont employés, à Mâcon et aux environs, soit comme terre à pisé, soit comme terre à briques et à poterie. Il y a eu pendant longtemps, à Mâcon, une faïencerie dont les produits luttaient avec ceux de Nevers, de Moustier, de Strasbourg et de Marseille.

11. — Minerais.

Nous ne possédons ni gisements de houille, ni filons métalliques. Des industriels ont imaginé, il y a quelques années, je ne sais dans quel but, de faire des sondages assez dispendieux dans la grauwacke et dans les schistes carbonifères de la colline de Fuissé. Il eût été facile à un géologue de prévoir l'insuccès de ces recherches.

La galène (plomb sulfuré) se trouve à l'état de petits amas sans importance dans les grès du trias et dans le calcaire du muschelkalk. On y trouve aussi du manganèse à l'état de dendrites.

Quant au fer, il existe un peu partout sous la forme de dépôts sidérolithiques de limonite ou de pisolithes, dans nos failles, dans les filons de quartz de l'époque triasique, dans le lias inférieur et moyen, à la base de l'argile à silex (néocomien), dans les poudingues tertiaires, dans les alluvions quaternaires et jusque dans les alluvions modernes de la Saône. Je ne parle pas, bien entendu, du fer qui entre à l'état de partie constituante dans la composition de toutes nos roches.

Nos minerais ont été utilisés à une époque où l'insuffisance des voies de communication obligeait les habitants du pays à se contenter de leurs propres ressources. Mais ils seraient inexploitables aujourd'hui.

Le fer liasique a été recherché activement au *Gros-Mont* (Saint-Sorlin). Les débris de scories y couvrent plusieurs hectares de superficie. Au lieu dit *en Melfy* (bois de Verzé, Est), les scories sont accompagnées de restes de construction, de sépultures, de tuiles à rebord, qui permettent d'attribuer cette exploitation à l'époque gallo-romaine. On peut observer d'autres amas de scories, à *la Greffière*, N. (Saint-Sorlin), à *Nancelles* (id.), à *Blany* (Laizé), à Laizé, N. (lieu dit *la Bussière*). Sur ce dernier point, les résidus métallurgiques sont associés aussi à des débris gallo-romains assez importants.

Ces scories sont noires, vitreuses, opaques et renferment encore une forte proportion de fer (30 0/0 dans certains échantillons). A ces caractères, on reconnaît une exploitation rudimentaire, antérieure à l'emploi de la castine.

DESCRIPTION DES COMMUNES

Les deux cantons de Mâcon comprennent 26 communes occupant une superficie de 17,906 hectares et nourrissant une population de 34,431 habitants ; c'est-à-dire, si l'on en excepte la population agglomérée de la ville de Mâcon (17,570 habitants), environ un habitant par hectare [1].

L'origine de nos villages est assurément dans une relation étroite avec la constitution géologique du pays. Les premiers centres d'habitation ne furent point établis au hasard. Les raisons qui ont fait préférer telle localité à telle autre subsistent encore aujourd'hui pour la plupart.

Plusieurs d'entre eux occupent des points culminants et commandent des vallées : Charnay, Chevagny, Davayé, Hurigny, Laizé, Mâcon. Les avantages stratégiques de ces positions sont assez évidents pour ne point y insister.

Six villages se sont établis dans des fonds de vallées : Berzé-la-Ville, Bussières, Charbonnières, Fuissé, Prissé, Verzé. Ce choix a été déterminé soit par de belles sources (Berzé, Bussières, Fuissé), soit par le voisinage de cours d'eau (Charbonnières, Prissé, Verzé) ; Flacé, Sancé, Sennecé, Sologny doivent encore leur existence aux belles sources qui les abreuvent.

[1] Ces chiffres sont empruntés au dernier dénombrement de la population (1876).

Quatre villages sont sur le plateau quaternaire : Saint-Jean-le-Priche, Saint-Martin, Senozan, Varennes. Cinq se trouvent à la limite du coteau jurassique et de la plaine quaternaire : Flacé, Loché, Sancé, Sennecé et Vinzelles. Les uns et les autres, bien pourvus d'eau, sur un sol profond et riche, sont dans des conditions agricoles excellentes. Milly, Sologny, Solutré, Vergisson, en s'installant sur les flancs rocheux de coteaux jurassiques, avaient choisi des positions en apparence moins avantageuses. Mais le voisinage de sources et de terrains très favorables à la vigne explique encore ces choix.

La plupart de nos communes sont entourées d'espaces stériles ou incultes, abandonnés à la vaine pâture. Il faut en conclure que primitivement on leur avait donné intentionnellement pour limites ces zones neutres qui les isolaient en quelque sorte les unes des autres. Les sommets rocheux et arides de nos terrains jurassiques ont joué un rôle évident dans cette délimitation primitive de nos petites communautés rurales. Leurs limites ont été tracées, autant qu'on l'a pu, suivant les lignes de faîte.

Il est à remarquer aussi que, partout où cela a été possible, les premiers groupes de constructions s'élevèrent sur des affleurements rocheux, soit qu'on épargnât ainsi le terrain plus propre à la culture, soit qu'ils fussent plus sains et plus secs, soit enfin qu'ils offrissent des avantages pour la défense.

De même, les anciens chemins ont toujours suivi de préférence les sommets et les zones rocheuses où l'on n'avait à craindre ni les fondrières, ni les surprises.

L'origine des villages se rattache historiquement à celle des anciennes seigneuries. On pourrait donc rechercher encore quelle influence les conditions géologiques exercèrent sur l'établissement des châteaux, c'est-à-dire des fiefs qui servirent de résidence aux grands propriétaires de l'époque féodale ou des temps antérieurs. Trois conditions durent influer sur le choix des premiers occupants : les nécessités militaires, le voisinage des sources, les agréments de la résidence. Il fallut le plus souvent sacrifier l'une ou l'autre et donner la préférence aux avantages exceptionnels qu'offrait telle ou telle localité. Ainsi, à Solutré, le château s'est établi sur un rocher aride, stérile, privé d'eau, pour des raisons exclusivement militaires. A Saint-Martin, où il n'y avait pas de position stratégique particulièrement remarquable, le château s'éleva au fond d'une vallée, près de sources abondantes et d'un cours d'eau favorable à sa défense. On pourrait étudier quelle influence eurent ces circonstances topographiques sur les destinées des familles des anciens possesseurs. Il est certain que les positions fortes furent particulièrement recherchées des familles puissantes ou bien qu'elles contribuèrent à assurer la suprématie de leur possesseurs sur la contrée voisine. Mais je n'insisterai pas sur ces considérations qui appartiennent plutôt à l'histoire qu'à la géologie.

Je serai très bref aussi sur les races humaines qui ont successivement occupé le pays et sur leurs relations avec le sol, l'étude anthropologique de nos populations n'étant pas faite. On trouvera dans le *Mâconnais préhistorique*, de M. de Ferry, un très bon mémoire du docteur Pruner-Bey sur les types préhistoriques de Solutré. Quant aux habitants actuels des environs de Mâcon, ils paraissent en général rappeler le type celtique brun du centre de la France. Les blonds sont rares parmi eux. Les hommes sont plutôt forts et trapus que grands. On n'y trouve donc pas l'influence du sang bourguignon, si bien constatée par la prédominance des hautes statures dans quelques départements de l'Est.

L'influence des conditions géologiques sur la production agricole et industrielle est plus certaine et plus facile à apprécier. Aussi n'avons-nous pas négligé ce côté pratique de la question. J'avais pensé qu'il serait utile de publier la statistique agricole, par commune, telle qu'elle est fournie à l'administration préfectorale par MM. les Maires. Malheureusement, les documents de cette nature, les plus récents, m'ont paru tellement inexacts que je n'ai pas cru devoir les utiliser. J'ai jugé préférable de reproduire les données statistiques publiées par M. Monnier, dans l'*Annuaire du département de Saône-et-Loire*, en 1859, qui me semblent moins erronées. A défaut d'une exactitude absolue, ils suffiront pour montrer le rapport approximatif des cultures diverses, soit entre elles, soit avec la superficie totale.

C'est pour répondre à ces différents points de vue que j'indiquerai très sommairement dans les notices qui vont suivre : 1° la position topographique des villages, la superficie des communes et leur population ; 2° la composition du sol ; 3° les particularités géologiques et paléontologiques dont il n'aura pas été parlé précédemment ; 4° la statistique des cultures ; 5° l'état des carrières, des mines et des fontaines.

BERZÉ-LA-VILLE.

794 hab. — 558 hect.

Une des localités les plus heureusement situées des environs de Mâcon ; le village et l'église abrités au fond de la vallée des marnes irisées, en plein midi, près de sources abondantes, protégés du nord par de pittoresques escarpements bajociens. Deux châteaux : l'un sur une arête des arkoses triasiques ; l'autre (château des Moines, ancienne dépendance de l'abbaye de Cluny) sur un ressaut du calcaire à entroques. Privés de sources l'un et l'autre, ils reçoivent, par des aqueducs, les eaux des fontaines des Cochets et des Maisons-Neuves.

Un cap bajocien (Roche-Coche) qui domine le village au nord, et sur lequel s'élève maintenant une croix, fut occupé jadis par un camp retranché dont l'enceinte est encore visible. J'y ai recueilli quelques silex taillés. C'est un excellent point d'observation géologique pour étudier la structure orographique de la contrée. On y embrasse d'un coup d'œil toutes ces grandes vagues de pierre qui, depuis les sommets porphyriques de Sologny jusqu'à la Saône, attestent la puissance des dislocations qui ont affecté la contrée.

On trouve sur le territoire de Berzé-la-Ville toute la série des terrains jusqu'au bathonien inférieur inclusivement. Les marnes irisées y sont particulièrement développées et renferment deux couches puissantes de gypse (25 mètres de plâtre gris, 1 mètre de plâtre blanc). Des récifs de polypiers couronnent le calcaire à entroques.

On peut voir, dans une dépression du calcaire à polypiers, à la cote d'environ 480 mètres, à quelques centaines
de mètres N.-O. de la Roche-Coche, un curieux lambeau
de terrain de transport tertiaire où abondent les silex
pyromaques mêlés à des chailles jurassiques. Je le considère
comme un résidu des grandes dénudations éocènes.

Le territoire de Berzé est très disloqué par de nombreuses
failles.

146 hectares en terres, 57 en prés, 205 en vignes, 9 en
bois, 128 en terres incultes.

Carrières dans le bajocien (à la Croix-Blanche, au N. du
hameau de Marie, et dans la falaise qui domine le village au
N.-O.); vastes galeries, accessibles de plain-pied, ouvertes
dans les marnes irisées pour l'exploitation du gypse;
carrière de gravier et de sable dans l'arène porphyrique, au
bord de la route de Cluny.

Quatre fontaines :

1. Fontaine des Cochets (marnes irisées). Cette fontaine, très
abondante, abreuve le village et arrose les prés. Elle sort dans
le hameau supérieur sur la faille même qui lui sert de canal
souterrain. Ses eaux sont légèrement incrustantes et forment du
tuf à l'une de ses issues, sur le chemin des Bruyères. Leur
passage sur les marnes irisées les rend peu salubres, par suite
du sulfate de chaux qu'elles entraînent. Leur usage prolongé
détermine le goître, qui est assez commun dans la localité.

2. Fontaine au hameau de Marie (lias supérieur).
3.   —   aux Maisons-Neuves   (id.).
4.   —   au Vernay (marnes irisées).
5.   —   aux Chardignys   (id.).
6.   —   au Perret (rhœtien ou marnes irisées ; sur la faille).

Le ruisseau le File cotoie un instant les limites de la commune
au sud-ouest.

BUSSIÈRES.

178 hab. — 427 hect.

Divisé en deux hameaux : le vieux village ou Petit-Bussières, avec l'église et le château, dans la vallée des marnes irisées; le Grand-Bussières, à mi-coteau sur le bajocien et le lias supérieur; bien abrités du nord par le sommet abrupte de Monsard et les hauteurs de Milly.

Toute la série des terrains (y compris le carbonifère) jusqu'au bajocien supérieur. Au lieu dit la Roche-Bregnat, on peut voir, le long de la route de Pierreclos, une bonne coupe du trias, comprenant les grès bigarrés, le muschelkalk et le salifèrien. Les grès bigarrés reposent sur les tufs, le poudingue et les schistes carbonifères. Ce mamelon de la Roche-Bregnat forme un petit cap rocheux qui domine le confluent de la petite Grosne et du File. Il paraît être l'amorce d'un barrage naturel qui interceptait jadis l'issue de la vallée et retenait les eaux à un niveau élevé. Les dépôts d'alluvion quaternaire couvrent, en effet, le mamelon jusqu'à son sommet. On y remarque aussi les débris d'une petite station de l'époque de la pierre taillée, étudiée et signalée par M. de Ferry. Le sommet de Monsard fut également occupé dès l'époque de la pierre. On y voit encore les restes assez importants d'un camp retranché.

166 hectares en terres (principalement sur l'arkose), 87 en prés (alluvions de la Grosne), 172 en vignes et 2 en bois.

Carrière de pierre de murure dans le bajocien inférieur à Monsard (Grand-Bussières); de gravier dans l'arène porphyrique, vers le cimetière.

Quatre fontaines :

1. La fontaine de Bissandron, au nord du Petit-Bussières, au centre d'un cirque formé en partie par les marnes irisées. Elle arrose le village, les prés au dessous et alimente un lavoir sur la route de Pierreclos, après avoir reçu plusieurs affluents sur son parcours.

2. — aux Esserteaux, sous le château, dans la vallée des marnes irisées.

3-4. — Au Grand Bussières, petites fontaines sur les marnes du lias.

CHARBONNIÈRES.

235 hab. — 417 hect.

Le village et l'église s'étaient primitivement établis au fond de la vallée, sur la rive gauche de la Mouge ; la nouvelle église et les maisons modernes s'élèvent en face, sur le flanc d'une petite vallée que tapisse l'argile à silex et qui verse ses eaux au N., dans la Mouge. Le vieux château et le hameau des Gaillards ont pour assiette les bancs compactes de l'oxfordien.

On y trouve, sur le coteau, à l'E., le bajocien mis en contact, par suite d'une faille, avec l'oxfordien, le corallien et le kimmeridgien. L'argile à silex y couvre de grandes surfaces ainsi que le limon jaune quaternaire. Le poudingue calcaire éocène se montre le long de la route de Sennecé. Traces de néocomien (?) sous l'argile à silex. Les silex taillés sont communs à la surface de l'argile à silex où les populations primitives trouvèrent d'excellents matériaux pour la fabrication des outils et des armes de pierre, notamment sur la rive gauche de la Mouge, le long du petit ruisseau du Biétors. C'est là qu'existait un important atelier de l'âge de pierre étudié par M. de Ferry.

Les terres labourées occupent 112 hectares, tandis que la culture de la vigne n'est représentée que par 33 hectares ; 58 hect. en prés ; 187 hect. en bois et 12 hect. en terres incultes. La prédominence des terres et des bois s'explique par l'abondance des terrains argileux.

Carrières d'argile réfractaire dans les bois à l'O. et le long de la route de Sennecé. Le kimmeridgien a été exploité comme pierre à chaux dans les bois du Parc.

Pas de fontaines ; de petites sources dans l'argile à silex et le limon jaune forment, au fond de la vallée, un ruisseau qui se jette dans la Mouge. Le village est abreuvé par des puits.

CHARNAY.

1,820 hab. — 1,273 hect.

La plus forte commune rurale des deux cantons comme population ; la seconde en superficie. Le village et l'église sont bâtis à 270 mètres d'altitude sur la limite du bajocien et du bathonien, à l'extrémité sud de cette longue colline jurassique qui s'étend au N. jusqu'à Laizé. Belle vue panoramique sur la vallée de la petite Grosne et sur celle de la Saône. Excellent point d'observation pour l'étude de la configuration géologique du pays.

La colline jurassique relevée par la troisième faille renferme toute la série depuis le lias inférieur jusqu'au corallien inférieur. Les alluvions quaternaires de la Saône et de la petite Grosne l'enveloppent au S., à l'E. et à l'O. Elles consistent en limon jaune, en sable et en gravier. On peut voir, au Voisinet, d'énormes galets roulés, dont quelques-uns atteignent le volume de 50 centimètres cubes. Ce sont, pour la plupart des grès siliceux, des argiles à silex amenés par les eaux quaternaires de la vallée de Chevagny. Un peu plus au sud, à la Lie, les sables renferment de nombreux débris d'éléphants (*E. primigenius*). On n'est pas loin de l'ancien confluent de la Saône et de la Grosne et des remous apportaient sur ce point les dépouilles flottantes de ces animaux. Le terrain carbonifère, traversé par les pointements porphyriques et les arkoses du trias, forme le petit cap sur lequel est bâti, dans une position très pittoresque, le château de Saint-Léger ainsi que la colline boisée qui lui fait face au sud. C'est le prolongement de la colline carbonifère de Fuissé.

433 hect. en terres labourées ; 173 en prés ; 545 en vignes ; 35 en bois et 44 en terres incultes.

Carrières dans l'arkose triasique au bois de Saint-Léger ; dans le bajocien, à l'O. du village ; dans l'oxfordien, à Levigny. Les carrières de Levigny fournissent une chaux de bonne qualité qui tient le milieu entre la chaux grasse de Saint-Clément et la chaux maigre des Perrières. On peut y étudier l'oxfordien et le corallien inférieur dans de bonnes coupes très fossilifères. Sablières dans les graviers quaternaires, au hameau de la Lie.

Quatorze fontaines :

1. Fontaine à Levigny (marnes oxfordiennes).
2-3. — à Bioux, deux fontaines (id.), l'une d'elles a été captée pour conduire ses eaux à Mâcon.
4. — à la Tournache (marnes bathoniennes).
5. — Gard, au hameau des Giroux (id.).
6. — Mathoud (id.).
7-8-9. Trois fontaines autour du mamelon de Saint-Léger. L'une dans l'alluvion moderne au bord du ruisseau de Fuissé ; l'autre (ferrugineuse) sur l'arkose ; l'autre (fontaine de Petaude) sur la faille, au pied du coteau corallien, réputée dangereuse à cause de la fraîcheur de ses eaux, parait venir souterrainement de la vallée de Pouilly.
10. Belle fontaine de Condemine, sous le château, dans l'alluvion quaternaire.
11. Fontaine du Voisinet (alluvions quaternaires).
12. — des Mouilles (id.), dont une partie des eaux est conduite aux hameaux des Crais, de Fontenailles et des Noyerats.
13. — du Pré-d'Ouillard (alluvions quaternaires).
14. — du Pré-de-Verneuil (id.) sous le château.

CHEVAGNY.

336 hab. — 380 hect.

Le village est construit sur une petite éminence, à là rencontre de plusieurs failles qui mettent en contact le kimmeridgien, l'argile à silex, le poudingue calcaire éocène, le trias, le bajocien, etc. L'église se trouve précisément sur le passage de la troisième grande faille, ce qui est la cause probable de l'inclinaison de la tour du clocher.

Le territoire de Chevagny occupe les deux versants d'une vallée d'érosion dirigée N.-S. et parcourue, dans sa longueur, par la faille qui se complique de plusieurs petites failles accessoires. La lèvre orientale est formée par la série des terrains, depuis le porphyre, qui se montre au sommet 310, jusqu'au bajocien moyen. La lèvre occidentale est constituée par le jurassique supérieur, l'argile à silex et le poudingue calcaire. On peut étudier le long de la route de Nancelles et vers le cimetière de bonnes coupes fossilifères du kimmeridgien, Le limon quaternaire s'étale au fond de la vallée et sur les coteaux à l'O.

110 hect. en terres labourées ; 43 en prés ; 138 en vignes et 5 en bois.

Carrières de gravier dans le porphyre désagrégé (sommet 310); carrière de pierre de taille et de murure dans le bajocien (sommet 282). Exploitation de terre et de sables réfractaires dans l'argile à silex.

Huit fontaines :

1. Fontaine à l'entrée du village (marnes irisées).
2.   —   de Boizy (alluvions) dans les prés, au fond de la vallée. Elle engendre un petit ruisseau qui fait tourner plusieurs moulins et se jette dans la Grosne.
3.   —   d'Epenières (sur le lias) au sud du Gros-Mont.
4.   —   de la maison Robin (à la Colline), dans un pli du trias.
5. Plusieurs sources se réunissant dans le ravin de la Coulire (corallien).
6. La fontaine du château (sur le lias).
7.   —   de Fontenailles, au nord du village, sur la faille (engendrée sur les marnes irisées).
8.   —   du Pré-d'Arène (alluvions modernes).

DAVAYÉ.

582 hab. — 418 hect.

L'église et l'ancien village sont construits sur des assises compactes du bathonien, au sommet d'un petit cap qui barre l'entrée de la vallée de Vergisson. Quand on y monte par un beau soleil d'été en suivant le chemin rocheux qui va du ruisseau à l'église, flanqué de petites maisons cubiques, aux toits plats, dont la silhouette blanche se profile sur le ciel, on se croirait en face d'un site oriental. Pour compléter l'illusion, ce hameau s'appelle Jérusalem. Non loin de là, de l'autre côté de la vallée, il y a le hameau de Nazareth. Les Juifs, qui habitèrent longtemps Davayé au moyen âge, avaient été frappés sans doute de l'aspect de ces lieux et les avaient baptisés de noms conformes aux souvenirs qu'ils éveillent. M. de Lamartine comparait la vallée de Vergisson à la vallée de Josaphat. Le château et la plus grande partie du village occupent le bas de la vallée et les bords du ruisseau qui descend des gorges de Vergisson.

On trouve à Davayé la série des terrains, depuis le bajocien jusqu'au poudingue éocène qui surmonte le corallien sans intercalation d'argile à silex. L'argile à chailles et les alluvions quaternaires engendrées par la vallée de Vergisson se sont étalées sur le mamelon de l'église. On les retrouve en face, sur le plateau des Bruyères, à l'issue de la vallée de Solutré. A la Croix-Senaillet et au sommet 304, zones fossilifères du corallien inférieur.

68 hectares en terres labourées, 80 en prés, 208 en vignes. Excellents vins rouges.

Carrières dans le bajocien (croupe de la roche de Solutré),
dans le bathonien (vers les Auberges); dans le corallien
(vers la Croix-Senaillet).

Trois fontaines :

1. Fontaine de Varanjoux, au dessous de l'église, au bord du
   ruisseau (alluvions).
2. — dans la propriété de M. Pollet (marnes du bathonien).
3. — de Durandi (alluvions), au hameau de ce nom.

FLACÉ.

744 hab. — 551 hect.

Le village est disséminé, soit sur le plateau quaternaire, soit sur les deux flancs de la petite vallée de l'Abîme.

Toute la série jurassique, depuis le bajocien moyen jusqu'à l'argile à silex. Alluvions quaternaires dans la plaine. La quatrième faille suit à peu près le sommet de la colline de la Grisière où elle met le kimmeridgien et l'argile à silex en présence du bajocien. On peut observer les contacts, et par conséquent la faille elle-même dans les carrières ouvertes sur ce point.

258 hect. en terres ; 71 hect. en prés ; 140 en vignes.

Vastes carrières de pierre de taille et de moellon dans le bajocien, à la Grisière. Quelques zones sont exploitées comme marbre commun, connu sous le nom de petit granite. Il est formé d'une pâte rouge cristalline sur laquelle se détachent en blanc de nombreux débris de crinoïdes (*Pentacrinus bajocensis*). Belles carrières de chaux maigre et de chaux hydraulique dans l'oxfordien, aux Perrières.

Quatre fontaines :

1. La belle fontaine de l'Abime qui sort de l'argile à silex après avoir jalonné son cours souterrain par de nombreux entonnoirs. Elle débite plus de 3,000 hectolitres par jour et engendre un petit ruisseau qui se jette à la Saône et fait tourner plusieurs moulins.

2. Fontaine au hameau de la Fontaine (marnes bathoniennes).

3.   —   dans le pré des Petites-Perrières (marnes oxfordiennes).

4.   —   dans le pré des Grandes-Perrières, au pied du coteau corallien.

FUISSÉ.

519 hab. — 486 hect.

Le village est bâti en fer à cheval à la limite du bathonien et du callovien, au fond d'un cirque fermé de trois côtés : à l'O. et au S. par le bathonien ; à l'E. par le terrain carbonifère. La vallée est ouverte au N. sur l'oxfordien et le corallien.

Toute la série des terrains, — sauf le bajocien inférieur, — depuis le dévonien jusqu'au poudingue éocène. Région dévonienne traversée par des filons de micro-granulite aux hameaux de Vers-Chânes et des Petites-Bruyères. En partant de Vers-Chânes et en suivant la colline à l'E. jusqu'au bois de Saint-Léger, on rencontre successivement toute la série dévonienne et carbonifère, grauwacke, schistes, poudingues et grès. Les schistes sont assez riches en empreintes de végétaux. Puissant dépôt d'argile à chailles sur le bathonien, lieu dit les Châtaigniers, les Tâches, la Combette.

42 hectares en terres ; 26 en prés ; 259 en vignes ; 85 en bois. Terres à vigne d'excellente qualité sur le coteau bathonien tourné à l'E. et sur le coteau carbonifère exposé à l'O. Vins blancs réputés. Bois taillis sur les parties rocheuses du bathonien.

L'arène porphyrique est exploitée comme sable à bâtir à Vers-Chânes et vers les Molards ; la grauwacke, comme gravier, sur les Molards. Carrières de pierre de murure dans le bathonien (les Châtaigniers et les Rontés). On a recherché infructueusement des filons métalliques dans la grauwacke et dans les schistes.

Huit fontaines :

1. Belle fontaine de Romanin, au pied du coteau bathonien, sur les marnes. Elle engendre un ruisseau qui arrose les prés et se jette dans la Grosne au dessous de Saint-Léger. Eaux abondantes et d'excellente qualité. C'est une des plus belles fontaines du pays.

2. Fontaine du Plan (marnes bathoniennes). Elle s'écoule par le Potard dans le ruisseau de Romanin.

3. Petite source dans le chemin des Prés (alluvion moderne).

4. — aux Vernays (marnes oxfordiennes).

5. Fontaine de Pouilly (marnes oxfordiennes), qui, après s'être perdue sous les alluvions, reparaît à Saint-Léger et se jette dans la Grosne.

6. Petite source, lieu dit sur les Molards (grauwacke).

7. Fontaine à Vers-Chânes (zone dévonienne).

8. — aux Petites-Bruyères (zone dévonienne).

HURIGNY.

1.034 hab. — 920 hect.

L'église, le bourg et le château sur un mamelon oxfordien dominé à l'O. par des sommets bajociens ; à l'E., par le corallien et l'argile à silex. Le château de Chazoux sur un mamelon oxfordien faisant suite au précédent. Les hameaux des Souchons, des Miolands, des Gandelins, des Piots et de Chazoux, au fond de la vallée marneuse (callovien et oxfordien) ; Salornay sur le bathonien.

Toute la série régulière des terrains, depuis le bajocien qui forme la colline à l'O. jusqu'à l'argile à silex qui couvre les sommets à l'E. Quelques failles peu étendues et des glissements remarquables sur les marnes bathoniennes dans le coteau à l'O. ; zones calloviennes très fossilifères.

200 hect. en terres, 43 en prés, 431 en vignes et 79 en bois.

Carrières dans le bajocien, à Salornay, O., et en Appugny ; dans l'oxfordien, à Chazoux ; dans le corallien, entre la route de Laizé et le sommet 348 ; dans le kimmeridgien inférieur, le long de la route de Laizé, en face du château de Chazoux ; exploitations d'argile et de sable réfractaires très importantes, à la Grisière ; on y extrait le silex pyromaque pour l'empierrement des routes.

Sept fontaines le long de la vallée oxfordienne :

1. Fontaine à Chazoux (marnes oxfordiennes).
    — de la rivière Brety, aux Tévelays (marnes oxfordiennes).
3.   — aux Piots (marnes oxfordiennes).
4.   — aux Miolands (callovien).
5.   — de la Chanaye, très belle source au dessous des Gandelins (oxfordien).
6. Le puits des Vignes   (id.).
7. La fontaine au nord du village (oxfordien).

SAINT-JEAN.

164 hab. — 85 hect.

La plus petite commune des deux cantons, au bord du plateau quaternaire qui domine la Saône. Sous sol et affleurements oxfordiens.

Tout le territoire de Saint-Jean est couvert par le limon jaune quaternaire, excepté vers le château et le village, où se montre le calcaire oxfordien.

14 hectares en terres labourées ; 6 en prés ; 42 en vignes.

Carrières abandonnées, dans l'oxfordien, sur le chemin qui conduit à Saint-Martin.

6 fontaines :

1. La fontaine Galopin (marnes oxfordiennes), dans le parc du château ; eaux abondantes.
2-5. Petites sources le long de la Saône ; eaux très fraîches.
6. Bonne source récemment découverte au dessous du village, au bord de la Saône.

LAIZÉ.

777 hab. — 1,044 hect.

L'église et le village construits sur une croupe bajocienne tournée au N. et à l'E., dominant la vallée de la Mouge.

La troisième faille forme à peu près la limite O. de la commune. Depuis ce point jusqu'en Naisse, on voit apparaître toute la série des terrains, du lias inférieur à l'argile à silex. Entre Naisse et Hurigny s'étend un assez vaste plateau argileux où le limon jaune recouvre et masque l'oxfordien et le corallien. Ce limon n'est pas dû à la seule décomposition sur place de la roche sous-jacente. On y trouve des fragments de silex qui indiquent qu'il est au moins en partie le produit de la lévigation des sommets voisins. Il me paraît se rattacher aux formations quaternaires. Au dessous de Sathonay, ancien delta formé par les alluvions du Talenchant à son débouché dans la vallée de la Mouge.

378 hect. en terres, 111 en prés, 212 en vignes, 243 en bois.

Carrières dans le bajocien, à Fayolles; au mont de Blany ; à l'O. du hameau de la Planche et à l'O. du bourg. Au hameau de Blany et au lieu dit la Bussière, traces nombreuses d'anciennes exploitations métallurgiques sous la forme de scories ferrugineuses.

Huit fontaines :

1. La fontaine de Prémine , qui sort en Rejeppe (oxfordien) et abreuve le hameau de Blany.
2. — de Balange, à l'ouest du hameau de la Place , dans une cassure du bajocien. Elle est engendrée par le petit vallon oxfordien de Blany.
3. Source dans les prés de Blany (oxfordien).
4. Fontaine des Ruz, à Givry (oxfordien).
5. — du Fin, engendrée dans une petite dépression du bajocien.
6. — de Gascu , dans le bourg (alluvions).
7-8. Deux autres petites fontaines dans le bourg (alluvions).

LOCHÉ.

269 hab. — 267 hect.

L'église et le village sur un coteau bajocien incliné à l'E., qui domine la vallée quaternaire de la Saône.

Trois régions géologiques bien distinctes : sur la colline, à l'O. les grès du trias, que la troisième faille met en contact avec le bajocien. Sous les maisons, le bajocien et des traces du bathonien. Puis tout le coteau à l'E. du village occupé par le limon jaune et les alluvions quaternaires.

64 hect. en terres, 46 en prés, 117 en vignes, 12 en bois. Carrières dans le calcaire à entroques.

Deux fontaines :

1. L'une prend sa source dans un pli de terrain, à la limite du bajocien et du trias, et alimente un lavoir dans le village.
2. L'autre dans les alluvions, lieu dit en Vallée.

MACON.

17,570 hab. — 947 hect.

Le castrum primitif et l'ancienne ville s'étaient établis sur un promontoire rocheux formé par l'oxfordien et dominant la Saône qui en battait le pied. Peu à peu la ville s'est étendue sur les flancs du coteau et est descendue dans la plaine jusque sur les bords de la rivière.

Sol argileux, entièrement formé par le limon jaune et l'alluvion quaternaire, excepté sur quelques points où l'on voit apparaître l'oxfordien et le corallien (la Chanaye, les Crais, le Voisinet, les Perrières, la ville haute), qui, avec le callovien paraissent former le sous-sol de la région. M. Berthaud a vu le callovien se montrer dans des fouilles place de la Barre. J'ai observé moi-même des marnes que je présume oxfordiennes, dans les déblais d'un puits vers la barrière de la Coupée, où elles ont été rencontrées à 4 mètres de profondeur sous le limon jaune. Cette disposition ne peut s'expliquer que par des failles.

Les prés, les terres labourées et les jardins dominent dans les cultures de Mâcon.

Carrière dans l'oxfordien et le corallien inférieur à Saint-Clément (la Chanaye), fournissant une chaux grasse de bonne qualité.

Cinq fontaines :

1. La fontaine de la Chanaye (alluvions quaternaires).
2-3. Les sources de Bioux dont une est captée pour les besoins de la ville de Mâcon.
4. La fontaine de l'Héritan, au bord du ruisseau des Rigolettes, qui prend naissance vers les Chanaux, dans un pli de terrain, et se jette dans la Saône.
5. — de Sainte-Reine, autrefois au bord d'un chemin du faubourg de Bourgneuf, maintenant dans une propriété particulière. On lui attribuait des vertus miraculeuses et on y venait en pèlerinage.

SAINT-MARTIN-DE-SENOZAN.

687 hab. — 454 hect.

Le village et l'église sont construits sur le plateau d'alluvions quaternaires, entre le pied du coteau jurassique et la Saône.

Le coteau à l'O. seul est calcaire. Il est formé par le bajocien. Le bathonien a subi une érosion qui l'a fait disparaître complètement ; il n'existe plus que sous l'alluvion argileuse quaternaire, qui couvre la majeure partie du territoire de Saint-Martin. Quelques pointements d'oxfordien le long du chemin qui conduit à Saint-Jean.

211 hect. en terres ; 28 hect. en prés ; 101 en vignes et 7 en bois.

Magnifiques carrières (taille et moellons) dans le bajocien (calcaire à entroques et à polypiers), fournissant de la pierre très estimée et qui s'exporte au loin.

Onze fontaines [1] :

1. Fontaine Monrillon, réputée la meilleure de Saint-Martin.
2. — du Château, belle et abondante, engendre un ruisseau qui s'écoule à la Saône, en arrosant les prés.
3. — le Fontainon.
4. — la Colonge.
5. — Bourbonnais.
6. — les Serbes, qui alimente un lavoir.
7. — la Broue.
8. Le Bief ou lavoir.
9. Fontaine des Vignes de Bresse.
10-11. — Bertilliers, qui alimentent un petit lavoir.

[1] Je dois à l'obligeance de M. l'instituteur Renaud l'état des fontaines de la commune de Saint-Martin.

MILLY.

366 hab. — 288 hect.

L'église et le village s'élèvent au flanc d'un coteau tourné au N., compris entre deux petits vallons, l'un à l'O. formé par le bajocien supérieur et le bathonien, l'autre à l'E. formé par les marnes irisées. Le village est assis en partie sur un affleurement bajocien ramené par une petite faille accessoire de la deuxième grande faille. Le hameau de la Chize, qui couronne le col entre Milly et Bussières, se trouve sur le passage de la deuxième faille et repose sur le lias et les marnes irisées. Il est dominé à l'E. par les escarpements de Monsard, à l'O. par la montagne de la Cra. Ces lieux ont été immortalisés par M. de Lamartine qui les a exactement décrits. Il en a seulement amplifié les proportions.

Série complète depuis le porphyre (moins le carbonifère) jusqu'au bathonien, inclusivement.

53 hect. en terres labourées; 18 en prés et 154 en vignes. Les sommets de la Cra et de Monsard, formés par de magnifiques récifs de polypiers, sont incultes. Un peu de bois taillis sur le sommet de la Cra.

Carrières de gravier dans l'arène de micro-granulite. Carrière de plâtre dans les marnes irisées à la Chize, exploitées à ciel ouvert au siècle dernier et actuellement à l'aide de puits et de galeries. Les travaux sont interrompus depuis un éboulement qui se produisit, il y a quelques années. Carrières de pierre à bâtir, dans le bajocien, à Monsard et à la Cra.

Fontaine au dessous du cimetière sur les marnes irisées.

PRISSÉ.

1,408 hab. — 1,085 hect.

Le village est construit au bord de la Grosne et en partie sur l'alluvion quaternaire de cette rivière, au pied du coteau jurassique qui le domine à l'O.

Sol disloqué par le passage d'une faille. Tous les terrains de la série, depuis le lias jusqu'au poudingue éocène. Deux régions agricoles : l'une calcaire, à l'O., formée par les coteaux jurassiques; l'autre argileuse, formée par les alluvions quaternaires qui bordent la rive droite de la Grosne et se développent surtout sur la rive gauche et particulièrement sur le plateau compris entre les Bouteaux et Montagny.

204 hect. en terres, 116 en prés, 611 en vignes, 7 en bois.

Carrières de pierre de très bonne qualité (taille et moellons) dans le bajocien, au sud du sommet 295.

Sept fontaines :

1. Fontaine de Chevignes (marnes oxfordiennes)
2.   — du Chemin-Froid, dans le bourg (alluvions).
3.   — d'Eyelante (alluvions).
4.   — de Montagny (id.).
5. Petite source, non utilisée (sur le lias supérieur), à la Combe, chemin de l'Agassière.
6. Fontaine de Collonges (oxfordien).
7.   — du Pré-Fromenteau (poudingue éocène).

SANCE.

489 hab. — 556 hect.

Bâti au pied du coteau jurassique de la Grisière, à la limite du coteau quaternaire.

Le bajocien et l'argile à silex, mis en contact par la quatrième faille, forment la colline à l'O., dont le coteau oriental a conservé quelques lambeaux du bathonien inférieur. Le reste de cet étage a été dénudé et disparaît avec la suite des terrains sous l'alluvion quaternaire de la plaine. On voit réapparaître l'oxfordien à l'extrémité du plateau, dans les belles carrières de Vallières. On remarque sur ce point que l'influence du soulèvement s'est à peine fait sentir. Les assises de la roche sont presque horizontales. Le corallien inférieur se montre tout le long du petit coteau qui domine le chemin de fer et forme une des anciennes berges de la Saône quaternaire.

302 hect. en terres labourées ; 79 en prés ; 149 en vignes ; 3 en bois. Il n'y a de calcaire que la colline à l'O. Tout le plateau quaternaire, formé par le limon jaune est plus ou moins argileux et devient argilo-calcaire sur les points où le terrain jurassique se rapproche de la surface.

Carrières d'argile à silex et de silex pyromaque, à la Grisière. Carrières oxfordiennes, exploitées comme pierre à chaux, à Vallières,

Quatre fontaines :

1. La fontaine du Village (marnes bathoniennes).
2.   —   de la Dîme, au dessous de l'église (marnes oxfordiennes).
3.   —   d'Ouroux, au pied du coteau oxfordien, vers le passage à niveau du chemin de Châtenay.
4. Une petite fontaine dans l'argile à silex, sur la Grisière.

SENNECÉ.

579 hab. — 803 hect.

Situé comme Sancé, à la limite de la plaine et du coteau bajocien.

Le bajocien, qui constitue la lèvre orientale de la quatrième faille, forme une bande étroite comprise entre l'argile à silex, d'une part, et les alluvions quaternaires, de l'autre. Lambeaux de bathonien, de callovien et de corallien. Le sol argileux forme la majeure partie du territoire.

228 hect. en terres, 41 en prés, 158 en vignes, 325 en bois. Les bois couvrent tous les terrains d'argile à silex.

Carrières d'argile à silex dans les bois de Naisse. Carrière de pierre à bâtir dans le bajocien, le long de la route de Charbonnières.

Quatre fontaines :

1. La fontaine de Bacu, belle source engendrée par un cirque formé en partie par l'argile à silex dans le parc du château.
2. — de la Belouze, alimentant la partie nord du village (coteau bajocien).
3. — de Pétusan, au hameau des Perrières, au pied d'un affleurement de calcaire à entroques.
4. — de la Sennétrière (argile à silex). Les eaux de la Sennétrière s'écoulent souterrainement dans la direction du nord et jalonnent leur parcours par une suite d'entonnoirs.

SENOZAN.

485 hab. — 486 hect.

Même position que Sancé. Sennecé, Saint-Martin, à la limite du coteau bajocien et du plateau quaternaire, sur lequel le limon jaune est très développé et atteint une puissance de plusieurs mètres. On peut en étudier de bonnes coupes dans les chemins creux qui descendent à la Mouge. Sables quaternaires sur les bords de la Saône ; on y a retrouvé des débris d'éléphant. Les marnes bleues quaternaires de la vallée de la Saône se montrent, par les basses eaux, sur un assez long parcours du lit de la Mouge. J'en ai vu extraire des troncs d'arbre énormes.

208 hect. en terres labourées ; 58 en prés ; 93 en vignes ; 55 en bois. Deux régions agricoles, l'une calcaire, formée par le coteau jurassique ; l'autre argileuse et la plus développée, constituée par le plateau quaternaire.

Belles carrières dans le calcaire à entroques et à polypiers.

Quatre fontaines, toutes dans l'alluvion quaternaire :

1. La fontaine du Château (alluvions quaternaires).
2.   —   des Bourdons (alluvions quaternaires).
3.   —   du Bas-du-Village (alluvions quaternaires).
4.   —   du parc de M. Siraudin (alluvions quaternaires).

SOLOGNY.

821 hab. — 1,066 hect.

Le village, l'église et le château sont construits sur le lias inférieur et l'infra-lias, formant un coteau exposé à l'E. Le territoire de la commune, très allongé de l'E. à l'O., s'étend à la fois sur le bassin de la grande Grosne et sur celui de la Saône. Les sommets porphyriques du Bois-Clair et du Télégraphe forment la ligne de partage. On trouve, à partir de ces sommets et en marchant à l'E., toute la série des terrains jusqu'au bajocien moyen. Le lias y est particulièrement développé par suite des failles nombreuses qui l'ont affecté. Belles coupes des marnes irisées et du lias inférieur et moyen, sur la route de Cluny (les Tourniers et le Bois-Clair). Coupes dans les grès de l'étage rhœtien, dans un chemin creux, derrière l'église.

351 hect. en terres labourées; 109 en prés; 210 en vignes; 276 en bois. Les roches cristallines, les grès et les marnes du trias l'emportent sur les terrains calcaires dans la composition du sol de cette commune.

Carrières dans le bajocien et dans le lias à gryphées. Le percement du tunnel du Bois-Clair a produit une masse considérable de matériaux appartenant soit au trias, soit aux roches porphyriques. Ces dernières sont utilisées pour l'empierrement des routes. On a rencontré, dans le cours des travaux, des bancs importants de gypse intercalés dans les marnes irisées qui forment le sous-sol des Tourniers.

Sologny est la commune la plus riche en sources. Elles sont surtout dans la région porphyrique.

Vingt-huit fontaines permanentes [1] :

1. La fontaine de Tourvayon (porphyre).
2.   —   de Pommier   (id.).
3.   —   du Maupas   (id.).
4.   —   de Sous-Cras   (id.).
5.   —   de Chainain (marnes irisées).
6.   —   de la Place (marnes irisées).
7.   —   de la Bergère (grès du lias).
8-9. Deux fontaines sur le lias (dépendances du château).
10. La fontaine de Creux-Bogneau, au hameau du Cotier (sinémurien).
11.   —   de la Brosse (porphyre).
12.   —   de Moins   (id.).
13.   —   du Télégraphe (id.).
14.   —   du Puits-Sauvage (porphyre).
15.   —   de Perthuis-au-Loup (porphyre).
16.   —   de la Croix-Blanche (lias supérieur).
17.   —   de File (lias inférieur).
18.   —   de Blanda (lias supérieur).
19.   —   du Bois-Clair (marnes irisées).
20.   —   des Tourniers   (id.).
21.   —   des Tourniers, drainée et mise à sec par le tunnel.
22-23-24. Petites sources à la descente du Bois-Clair (versant de la Grosne) (porphyre).
25. Fontaine des Vernes-Rocats (porphyre).
26.   —   du Poizat, au hameau de la Roche (marnes irisées).
27.   —   de Fonteneau, au hameau de la Roche (lias inférieur).
28.   —   des Geignes (grès du trias et tuf), Bois-Clair.

Le territoire de la commune est arrosé, en outre, par le File qui se jette dans la petite Grosne et par un petit ruisseau affluent du File, engendré dans les vallons liasiques et porphyriques, au sud et au sud-ouest du village.

[1] Je dois à l'obligeance de M. Lapierre, instituteur, l'état des fontaines de la commune de Sologny.

SOLUTRÉ.

553 hab. — 617 hect.

Le village est construit en plein midi, sur les coteaux rapides du lias moyen et supérieur ainsi que du bajocien. C'est un point occupé par l'homme depuis les temps quaternaires. Le rocher bajocien qui le domine et le protège des vents du N. a servi au moyen âge, et dans l'antiquité, d'assiette à une forteresse, rasée en 1434, à la suite des guerres des Bourguignons et des Armagnacs. Ce rocher, dont la croupe arrondie s'abaisse insensiblement à l'E., se termine à l'O. par une pointe aiguë, escarpée, à pic de trois côtés et dominant de cinquante mètres les talus qui s'étalent à sa base. C'est un des points les plus pittoresques des environs de Mâcon. Il attire de nombreux touristes. La vue y est très belle et très étendue sur le Mâconnais, la vallée de la Saône, la plaine bressanne, les montagnes du Bugey et les Alpes. C'est un excellent point d'observation géologique. On a pour ainsi dire la carte du pays étalée à ses pieds. Un œil tant soit peu exercé n'a pas de peine à reconnaître la limite et la nature des terrains, d'après les allures et la coloration du sol ou la nature des cultures.

A part une petite bande de trias qui forme les limites à l'O., le territoire de Solutré appartient entièrement aux formations jurassiques. Le lias y occupe une vaste surface par suite de failles qui en répètent la série. On y trouve toute la suite des terrains jusqu'au poudingue éocène. La Roche offre une très belle coupe du bajocien inférieur et moyen, jusqu'au calcaire à polypiers qui la couronne. On y observe de

14

curieux puits naturels à parois cannelées. Zones fossilifères dans le bajocien supérieur (Pouilly, O.), et dans le bathonien (croupe de la Roche). Bonnes coupes du bathonien sur la nouvelle route. Au lieu dit le Crot-du-Charnier, au pied de la Roche, gisement quaternaire archéologique et paléontologique très important.

146 hect. en terres; 35 en prés; 285 en vignes; 9 en bois. Vins blancs d'excellente qualité. Les vins renommés de Pouilly se récoltent sur les éboulis à chailles siliceuses de la grande oolithe.

Carrières dans le lias à grypbées (route de la Grange-du-Bois), dans le bajocien, à la Roche; dans le bathonien inférieur et moyen, à Pouilly. On exploite comme amendement les marnes bathoniennes (sur la Roche). Enfin une fente du bajocien, remplie de carbonate de chaux cristallisé et alumineux diversement coloré par de l'oxyde de fer, fournit un marbre qu'on a utilisé dans l'industrie (Mont de Pouilly).

Huit fontaines :

1. Fontaine de l'Eglise (lias moyen).
2. — du Bachat (lias moyen).
3. — de Cortesse, dans un pli du bajocien (Mont de Pouilly); très belle source, réputée dangereuse à cause de sa fraîcheur.
4. — des Prés (alluvions).
5. — de la Grange-Murger (lias moyen).
6. — des Brirats (trias).
7. — du chemin de Rochenin, dite le Bachat (rhœtien).
8. — au petit Mont (lias sup.).

Les eaux de la vallée de Solutré ne forment pas de ruisseau permanent. Elles s'écoulent souterrainement au fond du vallon par suite du passage d'une faille.

SAINT-SORLIN.

1,338 hab. — 1,196 hect.

L'ancien village, l'église et le château (aujourd'hui détruit) furent construits dans une position très pittoresque, sur un petit promontoire bajocien (calcaire à entroques), à environ 300 mètres d'altitude, en plein midi, au pied de la colline corallienne de la Rochette. Le village est descendu ensuite à mi-côte, sur les marnes oxfordiennes et le bathonien supérieur, autour de la fontaine des Touziers ; puis, enfin, dans le bas de la vallée, le long du ruisseau (le File).

Failles nombreuses. Série complète des terrains, depuis les poudingues carbonifères jusqu'à l'argile à silex. Belle coupe dans le corallien, le kimmeridgien, l'argile à silex, le porphyre et le trias, sur la nouvelle route de Nancelles à Hurigny. Zones fossilifères dans le bajocien supérieur (carrières de Monsard), dans le corallien inférieur (la Rochette), dans le corallien crayeux et le kimmeridgien (les Grandes-Tanières, sommet 382).

250 hect. en terres, 82 en prés, 328 en vignes, 210 en bois.

Carrières dans le bajocien (Monsard, sur la route de Cluny, à l'O. du village, à la croix de Montceaux, Nancelles, N., et Appugny); dans l'oxfordien (la Rochette); dans le corallien (sommet 314, les Allogniers); dans l'argile à silex (les Grandes-Tanières, sommet 382).

Vingt-deux fontaines :

1. La fontaine des Touziers (marnes oxfordiennes).
2.   —   de la Carry-Jacques (marnes bathoniennes).
3.   —   du parc de M. de Clavières (lias).
4.   —   du Gouffredon, au bord du File (alluvions).
5-12. Les neuf fontaines, groupe de sources à l'ouest du moulin Terville (alluvions).
13. La fontaine du Puizat, le long de la route de Cluny (alluvions).
14.   —   du château Chardon, au bord du File (lias inf.).
15.   —   du puits Talon (callovien).
16.   —   de la maison Charvet (id.), dont les eaux sont amenées dans la citerne de l'église.
17.   —   de Somméré (callovien).
18.   —   du parc de Nancelles (corallien).
19.   —   du ravin de la Coulire (corallien).
20.   —   de Saugy, dans la vallée, au nord de Nancelles (alluvions).
21.   —   d'Appugny (lias sup.).
22.   —   de la Greffière (marnes oxfordiennes).

Le ruisseau le File arrose les prés et se jette dans la petite Grosne, vers les limites de Saint-Sorlin et de Prissé.

VARENNES.

297 hab. — 487 hect.

Situé en plaine sur l'alluvion quaternaire, au bord de la Saône. Sol argileux, entièrement formé par les alluvions quaternaires ou modernes.

167 hect. en terres, 224 en prairies, 10 en vignes.

Pas de carrières.

Pas de fontaines.

VERGISSON.

469 hab. — 577 hect.

Le vieux village s'est établi d'abord au fond de la vallée, sur un affleurement du calcaire à gryphées. Puis il s'est étendu ensuite sur le lias moyen et supérieur, dans une position analogue à celle de Solutré, mais plus froide et moins abritée, au pied d'une haute falaise bajocienne, couronnée, comme la roche de Solutré, par le calcaire à polypiers. On y arrive par une vallée rocheuse, d'un aspect sévère, resserrée entre les croupes des deux roches.

Succession régulière des terrains, depuis le porphyre qui forme les sommets à l'O. jusqu'au bathonien. Zones fossilifères dans le rhœtien (bone bed), dans le bajocien supérieur et dans le bathonien. La roche qui domine le village appartient, comme celle de Solutré, au système d'escarpements bajociens alignés, depuis le Mont de Pouilly jusqu'à Vaux-Verzé et au delà. M. de Ferry a exploré, en 1865, au lieu dit les Tanières, une grotte à ossements qui lui a fourni de nombreuses espèces de la faune quaternaire et des silex taillés, du type du Moustiers.

120 hect. en terres; 49 en prés; 156 en vignes; 46 en bois. Bons vins blancs.

Carrières dans le bajocien, sur les flancs des deux roches.

Dix-sept fontaines [1] :

1. Fontaine de Vergisson (au bourg), fontaine et lavoir, 1 hectolitre 75 à l'heure, eau de mauvaise qualité (lias moyen).

[1] M. Chavis, instituteur, a bien voulu me fournir cet état des fontaines.

2. Fontaine de Nambret (au bourg), 2 hect. à l'heure , altérée
     par des infiltrations d'écuries (lias moyen),
     abreuvoir.

3.   —   de Biron, au Nambret, fontaine et lavoir, 2 hect.
     à l'heure (lias moyen).

4.   —   en Monété ou des Chansserons, fontaine et lavoir;
     bonnes eaux ; ne gèle pas ; 10 hect. à l'heure
     et double de volume par les grosses eaux (lias
     moyen).

5.   —   à la Bruyère, abreuvoir; 1 hect. à l'heure ; bonnes
     eaux (trias).

6.   —   Fontaine et lavoir ; 1 hect. à l'heure (trias).

7.   —   de Pochon, fontaine et lavoir ; tarit en été ;
     bonnes eaux ; 1/2 hect. à l'heure (porphyre).

8.   —   de France, fontaine et lavoir ; bonnes eaux ;
     2 hect. à l'heure (marnes irisées).

9.   —   à la Truche, fontaine et lavoir ; 2 hect. à l'heure
     (marnes irisées).

10.   —   de Foulon , fontaine, abreuvoir et lavoir ; 2 hect.
     à l'heure (alluvions).

11.   —   en Perret, fontaine et lavoir ; 2 hect. à l'heure ;
     au nord de la Roche.

12.   —   des Courtelongs , 20 hect. à l'heure ; arrose des
     prés (alluvions).

13.   —   des Brouillats, lavoir; 1 hect. à l'heure ; au bord
     du ruisseau (alluvions).

14.   —   de Courzie , dans les prés ; eaux fraîches ; 10 hect.

15.   —   aux Ladres, 3 hect., arrose des prés ; source du
     ruisseau de Vergisson qui se jette dans la
     Grosne après avoir traversé le territoire de
     Davayé. On y allait autrefois en pèlerinage et
     son eau passait pour guérir de la lèpre (trias ,
     marnes irisées).

16.   —   des Rois, abreuvoir; 2 hect. à l'heure (marnes
     irisées).

17.   —   de Ronzevaux, eau réputée ; ne gèle pas ; 2 hect.
     à l'heure , dans le pré Tenant (alluvions).

VERZE.

1,102 hab. — 1,784 hect.

La plus vaste commune des deux cantons. Le village, l'église, les hameaux d'Escolles et de Marigny sont construits sur le bathonien supérieur (cornbrash), qui forme une arête rocheuse au fond de la grande vallée ouverte de Saint-Sorlin à Azé et au-delà. La route suit cette arête. Six petits hameaux, Vaux-Verzé, Vaux-Pré, le Cloux, les Tardys, les Martins, les Chanaux, se sont établis sur divers affleurements du lias à gryphées au fond d'une étroite vallée transversale, dirigée de l'E. à l'O.

Toute la série des terrains (moins le carbonifère). Les sommets à l'O. sont formés par les grès triasiques et les porphyres. Des bois couvrent la vaste région argileuse (argile à silex), qui s'étend à l'E. du territoire. Deux grottes dans le bajocien (vallée de Vaux-Verzé) : la butte de la Follatière et la voûte de la veuve Bridet.

416 hect. en terres labourées; 123 en prés; 352 en vignes; 750 en bois.

Carrières dans les grès triasiques (Vaux-Verzé, N.-O.); dans le bajocien (le long et sur les deux flancs de la vallée de Vaux-Verzé); dans le corallien (sommet 327), exploité comme pierre à chaux par M. de Maubou. Carrières de sables réfractaires, dans l'argile à silex (les Grands-Bois, sommet 304).

Vingt fontaines :

1. La fontaine de la Palus (marnes oxfordiennes).
2. — d'Escolles (marnes bathoniennes).
3. — Marigny (callovien).

4. La fontaine Vaux-Verzé (lias), vers le château.
5-6.   —   Vaux-Pré (lias).
7.   —   les Tardys (lias sup.).
8.   —   les Chanaux (lias infér.).
9.   —   du Cloux (id.).
10.   —   de Teppe-Pourrie (marnes irisées).
11.   —   du Village (alluvions).
12.   —   de Vanzé (marnes oxfordiennes).
13.   —   de Leschires (argile à silex).
14.   —   de la Chapelle (poudingue éocène).
15.   ---   de la Vierge (id.), au dessous de la chapelle
                  de Verchizeuil. On lui attribue des propriétés
                  miraculeuses et l'on y vient de loin en pèle-
                  rinage pour les enfants en bas âge. On
                  révère dans la chapelle, aujourd'hui conver-
                  tie en grange, un prétendu saint Criard.
16.   —   du Charbon (argile à silex).
17.   —   de Chaunaise (id.).
18.   —   du Pré-de-Souli (alluvions), à Verchizeuil.
19.   —   du Pré-de-la-Baisse (argile à silex).
20.   —   de Melfy (id.).

Le ruisseau le Talenchant se forme dans le vallon de Vaux-
Verzé, arrose les prés et se jette dans la Mouge, à Laizé.

VINZELLES.

515 hab. — 431 hect.

Même position que Loché. Le village et le château sur le bajocien, à mi-coteau, dominant le plateau quaternaire, incliné vers la Saône.

Les sommets à l'O. sont formés par l'arkose triasique. Une faille ramène le bajocien (calcaire à entroques) sous le village. Traces de bathonien à l'E. des maisons, visibles dans les chemins qui montent au village. La suite des terrains est masquée sous les alluvions quaternaires.

208 hect. en terres; 40 en prés; 136 en vignes; 24 en bois. Trois zones agricoles : les grès triasiques, les calcaires jurassiques, les alluvions argileuses quaternaires, qui forment la plus développée des trois.

Carrières dans le calcaire à entroques.

Trois fontaines :

1. La fontaine des Petauds (bajocien) ; qualité supérieure.
2. — du Village (id.).
3. — des Méziats (alluvions quaternaires).

TABLEAU
DES FONTAINES PAR COMMUNES ET PAR TERRAINS.

COMMUNES.	TOTAL par commune.	Porphyre.	Carbonifère.	Trias.	Rhétien.	Lias.	Marnes du lias.	Bajocien.	Bathonien.	Marnes du bathonien.	Callovien.	Marnes oxfordiennes.	Corallien.	Argile à silex.	Poudingue éocène.	Alluvions quaternaires.	Alluvions modernes.
Berzé	6	»	»	3	1	»	2	»	»	»	»	»	»	»	»	»	»
Bussières	5	»	»	3	»	»	2	»	»	»	»	»	»	»	»	»	»
Charbonnières	1	»	»	»	»	»	»	»	»	»	»	»	»	»	»	1	»
Charnay	13	»	»	1	»	»	»	»	»	3	»	3	»	»	»	4	2
Chevagny	9	»	»	3	»	»	2	»	»	»	»	»	1	»	»	1	2
Davayé	4	»	»	»	»	»	»	»	»	1	»	»	»	»	»	»	3
Flacé	4	»	»	»	»	»	».	»	»	1	»	1	1	1	»	»	»
Fuissé	8	2	1	»	»	»	»	»	»	4	»	»	»	»	»	»	1
Hurigny	7	»	»	»	»	»	»	»	»	»	1	6	»	»	»	»	»
Saint-Jean	6	»	»	»	»	»	»	»	»	»	»	1	»	»	»	»	5
Laizé	8	»	»	»	»	»	»	2	»	»	»	3	»	»	»	»	3
Loché	2	»	»	1	»	»	»	»	»	»	»	»	»	»	»	»	1
Mâcon	7	»	»	»	»	»	»	»	»	»	»	1	»	»	»	3	3
Saint-Martin	11	»	»	»	»	»	»	3	»	2	»	»	»	»	»	5	1
Milly	1	»	»	1	»	»	»	»	»	»	»	»	»	»	»	»	»
Prissé	7	»	»	»	»	»	1	»	»	»	»	2	»	»	1	»	3
Sancé	4	»	»	»	»	»	»	»	»	1	»	1	»	1	»	1	»
Sennecé	4	»	»	»	»	»	»	2	»	»	»	»	»	2	»	»	»
Senozan	4	»	»	»	»	»	»	»	»	»	»	»	»	»	»	4	»
Sologny	28	14	»	7	1	4	2	»	»	»	»	»	»	»	»	»	»
Solutré	8	»	»	1	1	»	4	1	»	»	»	»	»	»	»	»	1
Saint-Sorlin	22	»	»	»	»	2	1	»	»	1	2	2	2	»	»	»	12
Varennes	»	»	»	»	»	»	»	»	»	»	»	»	»	»	»	»	»
Vergisson	17	1	»	6	»	1	4	»	1	»	»	»	»	»	»	»	4
Verzé	20	»	»	1	»	3	3	»	»	1	1	2	»	5	2	»	2
Vinzelles	3	»	»	»	»	»	»	2	»	»	»	»	»	»	»	1	»
	209	17	1	27	3	10	21	10	1	14	4	22	4	9	3	20	43

TABLE DES MATIÈRES

ERRATA

Page 13, dernier alinéa, au lieu de : Ducrost (l'abbé) et le Dr Lortet, lisez : Ducrost (l'abbé).

Page 43, ligne 22, au lieu de : sable de marne, lisez : sable et marne.

Page 61, au bas de la page, la signature doit porter le n° 5 au lieu du n° 13.

Page 72, avant-dernière ligne, au lieu de : *perarenatus*, lisez : *perarmatus*.

Page 94, dernière ligne, au lieu de 100 10, lisez : 100. 00. La lettre F a été omise dans la figure 3. Elle doit figurer dans le pointillé à droite.

Page 105, lignes 13 et 16, l'épaisseur totale des terrains, évaluée à 729^m, serait en moyenne de 733^m 43 (voir le tableau synoptique), soit en nombre rond 730^m.

Page 146, ligne 15, au lieu de : moustiérien, lire : moustérien.

Page 179, ligne 24, après : du sulfate de chaux, ajoutez : et de la magnésie.

Page 210, ligne 12, avant le mot Fontaine, mettez : à la Bruyère. — Ligne 25, au lieu de : des Brouillats, lisez : du Brouillat.

Page 212, ligne 1, lire : la fontaine de Vaux-Verzé ;

   —   — 2,   —   les fontaines de Vaux-Pré ;

   —   — 3,   —   la fontaine des Tardys ;

   —   — 4,   —   (la fontaine) des Chanaux.

Extrait des *Annales de l'Académie de Mâcon*.

(2ᵉ SÉRIE, TOME ...)

TABLEAU SYNOPTIQUE

INDIQUANT

LA

SUCCESSION DES ÉTAGES GÉOLOGIQUES DANS LES DEUX CANTONS DE MACON

(NORD & SUD)

PAR ADRIEN ARCELIN

DÉNOMINATIONS GÉOLOGIQUES.	ÉPAISSEUR.	N° d'ordre.	CARACTÈRES MINÉRALOGIQUES ET STRATIGRAPHIQUES.	APPLICATIONS À L'INDUSTRIE ET À L'AGRICULTURE.	FOSSILES CARACTÉRISTIQUES.
TERRAINS MODERNES — TERRE VÉGÉTALE.		106	[illegible]	En culture partout où elle existe.	[illegible]
ALLUVIONS DES RUISSEAUX.		105	[illegible]	Prés et prairies.	[illegible]
ALLUVIONS DE LA SAONE.	6ᵐ	104	[illegible]	Sable et gravier à bâtir.	[illegible]
TERRAINS QUATERNAIRES — PÉRIODE POSTGLACIAIRE — ALLUVIONS ANCIENNES DE LA SAONE.		79	[illegible]	[illegible]	[illegible]
ALLUVIONS ANCIENNES DES RUISSEAUX.		78	[illegible]	[illegible]	[illegible]
LŒSS.		70	[illegible]	[illegible]	[illegible]
DÉPLACEMENT DE LA GROTTE.		65	Argiles et fragments de roches anguleux.	[illegible]	[illegible]
PÉRIODE GLACIAIRE — ALLUVIONS DU LAC MINEUR.		51	[illegible]	Vignes et céréales.	[illegible]
		50	[illegible]	Sable à bâtir.	[illegible]
TERRAIN ERRATIQUE.		52	[illegible]	Vignes.	Pas de fossiles.
ARGILE À CAILLOUX.		49	[illegible]	Prés et vignes.	Pas de fossiles.
REMANIEMENT DU TERTIAIRE DE BOURGNEUF.		48	[illegible]	[illegible]	[illegible]
TERRAIN DE TRANSPORT TERTIAIRE.		40	[illegible]	[illegible]	[illegible]
TERRAINS TERTIAIRES — ÉOCÈNE — LIMONS MARNO-SILICEUX.		38	[illegible]	Sous forêt.	Sans fossiles.
POUDINGUES CALCAIRES.		37	[illegible]	En vigne.	[illegible]
ARGILE À SILEX.	20ᵐ		[illegible]	[illegible]	[illegible]
GRÈS ET PADDINGUES TRIASIQUES.			[illegible]	Stériles.	[illegible]
ARGILE PLASTIQUE.			[illegible]	Argile réfractaire.	[illegible]
SABLES SILICEUX.			[illegible]	Sable à bâtir.	Sans fossiles.
MINERAI DE FER.			[illegible]	[illegible]	[illegible]
CALCAIRE FONTAINEBLEAU.			[illegible]	[illegible]	Quelques silicifiés.

DÉNOMINATIONS GÉOLOGIQUES.	ÉPAISSEUR.	N° d'ordre.	CARACTÈRES MINÉRALOGIQUES ET STRATIGRAPHIQUES.	APPLICATIONS À L'INDUSTRIE ET À L'AGRICULTURE.	FOSSILES CARACTÉRISTIQUES.
TERRAINS JURASSIQUES — BATHONIEN — DALLE NACRÉE.	1ᵐ50	34	Calcaire aréneux, ferrugineux, jaune ou rougeâtre.	Non bâtie.	[illegible]
GRANDE OOLITHE.	42ᵐ45	30	Pierre oolithe.	Pierre de mœurs de qualité médiocre.	[illegible]
		29	Calcaire compacte bleu jaunâtre (dalge nacrée).		[illegible]
TERRE À FOULON.	6ᵐ30	27	[illegible]	Vignes.	[illegible]
BAJOCIEN — RIDE À TEREBRATULA PERARMATA.	1ᵐ5 1ᵐ30	25	[illegible]	[illegible]	[illegible]
CALCAIRE À POLYPIERS.	72ᵐ	22	[illegible]	[illegible]	[illegible]
CALCAIRE À ENTROQUES.		21	[illegible]	[illegible]	[illegible]
CALCAIRE À OSTREA SUBCRASSA.	5ᵐ	20	[illegible]	[illegible]	[illegible]
CALCAIRE À AMMONITES SUBRADIATA.	12ᵐ	1	[illegible]	[illegible]	[illegible]
MARNES DE LIAS SUPÉRIEUR.	8ᵐ	23	[illegible]	[illegible]	[illegible]
LIASIEN — MARNES DU LIAS MOYEN.	12ᵐ 17	24	[illegible]	[illegible]	[illegible]
CALCAIRE À BELEMNITES.	3ᵐ	25	[illegible]	[illegible]	[illegible]
SINÉMURIEN — CALCAIRE À GRYPHÉES.	12ᵐ 57	26	[illegible]	[illegible]	[illegible]
			[illegible]	[illegible]	[illegible]
INFRA-LIASIEN (RHÉTIEN) — ZONE DE VEAU.	2ᵐ30	27	[illegible]	[illegible]	[illegible]
		28	[illegible]		[illegible]
		29	[illegible]		[illegible]
GRÈS RHÉTIEN.		31	[illegible]	Débité en vignes.	[illegible]
			[illegible]		
COUCHES DE JONCTION — INFRACTIEN — SEL-SEL.	3ᵐ 40		[illegible]	Cultivé en vignes.	[illegible]
CALCAIRES.	1ᵐ	51	[illegible]	Prés et vignes.	Pas de fossiles.

TERRAINS QUATERNAIRES — PÉRIODE — PÉRIODE GLACIAIRE

- LŒSS.
- REMPLISSAGE DES GROTTES.
- ALLUVIONS DU LAC D'ENGHIEN.
- TERRAIN ERRATIQUE.
- ARGILE À CHAILLES.
- REMPLISSAGE DE VENTES DE ROCHERS.

TERRAINS TERTIAIRES — ÉOCÈNE

- TERRAIN DE TRANSPORT TERTIAIRE.
- TERRAIN MÉDITERRANÉEN.
- POUDINGUES CALCAIRES (Siderolitique?).
- ARGILE À SILEX.
- GRÈS ET SABLES BLANCS TROUÉS.
- ARGILE PLASTIQUE.
- SABLES SILICEUX.
- MINERAI DE FER.

TERRAINS JURASSIQUES — OOLITHES — PORTLANDIEN — KIMMÉRIDGIEN

- CALCAIRE PORTLANDIEN ?
- PTÉROCÈRES.
- CALCAIRE À NÉRINÉES.
- CALCAIRE À ASTARTÉS.
- BRÈCHE TERREBRATULE.
- CALCAIRE LITHOGRAPHIQUE.
- CORALLIENS CRAYEUX.
- MONT À AMMONITES MÉMÉRIDGIENNES.

OXFORDIEN

- ARGOVIENS EN PARTIE.
- RAURACIEN.
- MARNES OXFORDIENNES.
- CALCAIRE À AMMONITES.

CALLOVIEN

- MARNES DU CALLOVIEN.
- MARNES À AMMONITES MACROCÉPHALES.

BATHONIEN

- DALLE NACRÉE.
- COLEBRASE.
- FORÊT-MARBLE.
- GRANDE OOLITHE.

TERRAINS JURASSIQUES (B.) — INFÉRIEUR — LIASIEN — SINÉMURIEN — INFRA-LIASIEN (HETTANGIEN)

- CALCAIRE À ENTROQUES.
- CALCAIRE À PENTACRINUS PENTAGONALIS.
- CALCAIRE À AMMONITES BUCKLANDIÆ.
- MARNES DU LIAS SUPÉRIEUR.
- MARNES DU LIAS MOYEN.
- CALCAIRE À BÉLEMNITES.
- CALCAIRE À GRYPHÉES.
- TUFS DE VEAU.
- LUMACHELLE.
- GRÈS INFRALIASIQUE.
- CIRON BATARD.

TERRAINS TRIASIQUES — GORGES BUJOCTIENS — CONCHYLIEN SALIFÉRIEN

- PLŒTTEN.
- PONT-BRÛLÉ.
- GRÈS.
- MARNES IRISÉES.
- ARKOSES DE KEUPER.
- MUSCHELKALK.
- GRÈS BIGARRÉS.
- NAPPES DE ROCHES.

TERRAINS PALÉOZOIQUES — CARBONIFÈRE — DÉVONIEN

- FAILLON.
- PORPHYRES.
- GRÈS.
- SCHISTES.
- GRAUWACKE.

TERRAINS MASSIFS AZOÏQUES — ROCHES ÉRUPTIVES — ROCHES TUFFACÉES — ROCHES ÉRUPTIVES

- GRANITE.
- BRANULITE.
- DIORITE.
- TUFS PORPHYRES GRANITOÏDES.
- MICRO-GRANULITE (PORPHYRE QUARTZIFÈRE).
- PORPHYRE NOIR.
- DIORITE.
- QUARTZ.

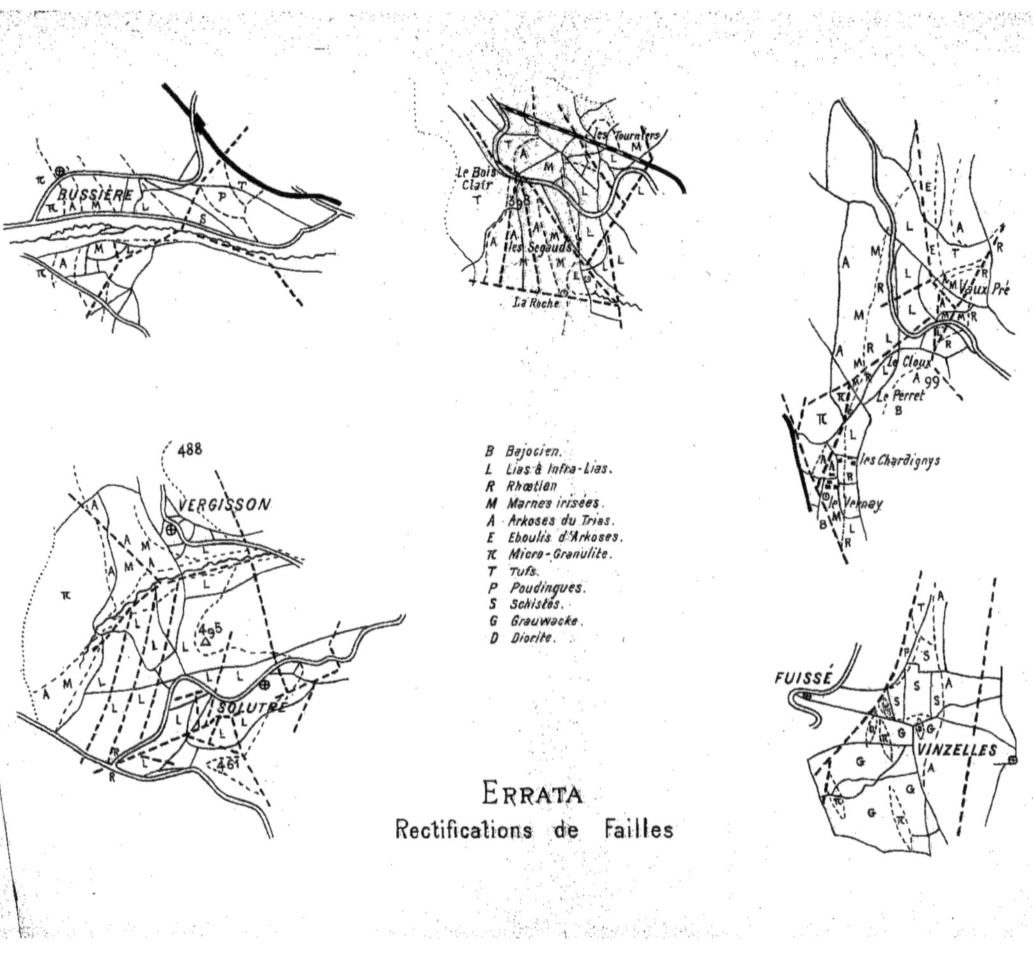

ERRATA

Rectifications de Failles

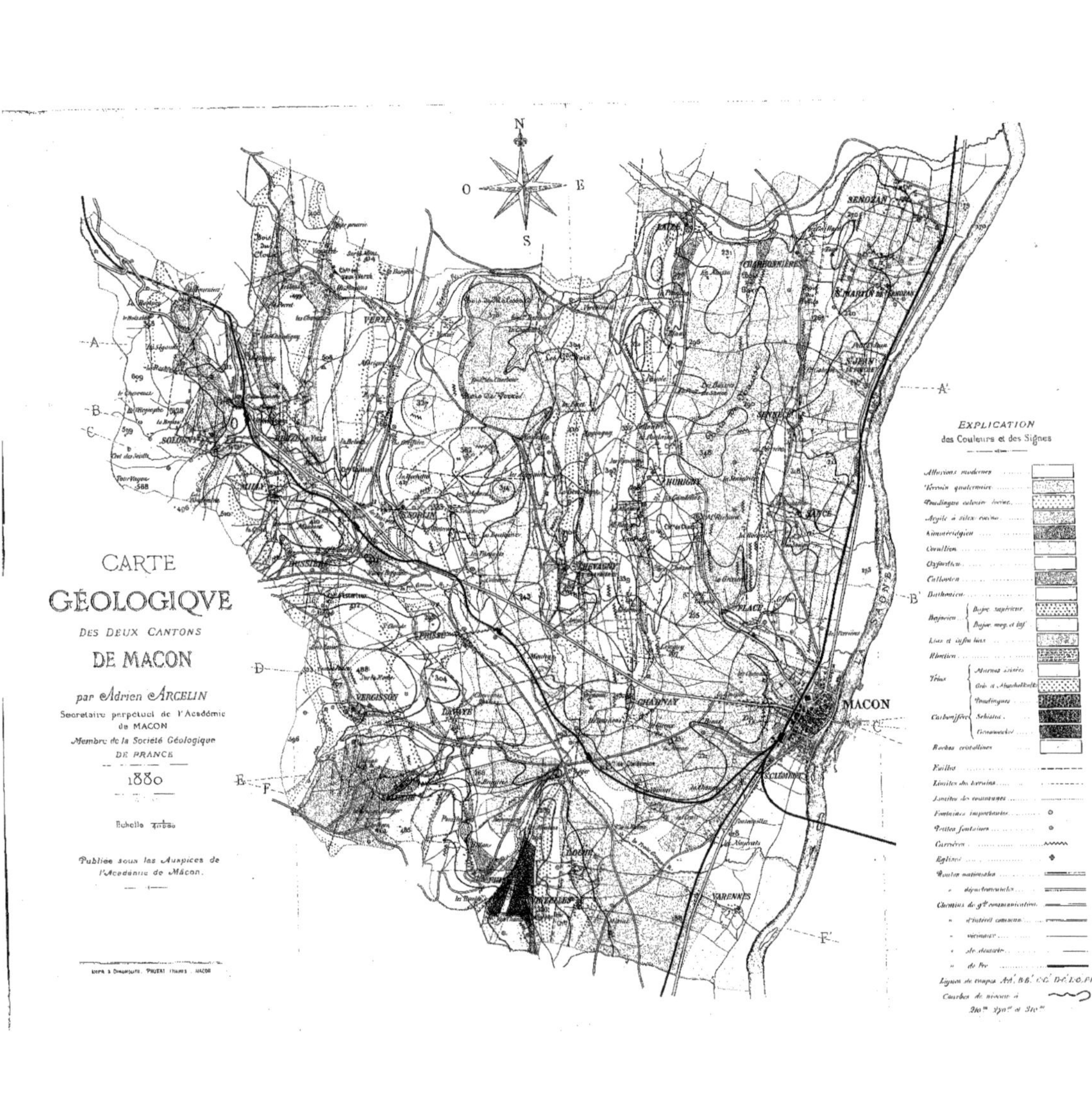

CARTE
GÉOLOGIQVE
DES DEUX CANTONS
DE MACON
par Adrien ARCELIN
Secrétaire perpétuel de l'Académie
de MACON
Membre de la Société Géologique
DE FRANCE
1880
Echelle
Publiée sous les Auspices de
l'Académie de Mâcon.
N
O E
S
EXPLICATION
des Couleurs et des Signes
Alluvions modernes
Terrain quaternaire
Poudingue calcaire ferrug.
Argile à silex roulés
Kimméridgien
Corallien
Oxfordien
Callovien
Bathonien
Bajocien
Bajoc. supérieur
Bajoc. moy. et inf.
Lias et infra lias
Rhétien
Trias
Marnes irisées
Grès et Muschelkalk
Poudingues
Carbonifère
Schistes
Grauwacke
Roches cristallines
Failles
Limites des terrains
Limites des communes
Fontaines importantes
Petites fontaines
Carrières
Eglises
Routes nationales
départementales
Chemins de g.de communication
d'intérêt commun
vicinaux
de desserte
de Fer
Lignes de coupes AA. BB. CC. DD. EE. FF.
Courbes de niveau à
210.m 250.m et 310.m
MACON
SENOZAN
CHARBONNIERES
S.t MARTIN de SENOZAN
SENNECE
HURIGNY
LAYE
CHARNAY
VARENNES
S.t CLEMENT
VERGISSON
LA ROYE
SOLOGNY
VERZE
A
B
C
D
E
F
A'
B'
C'
D'
E'
F'

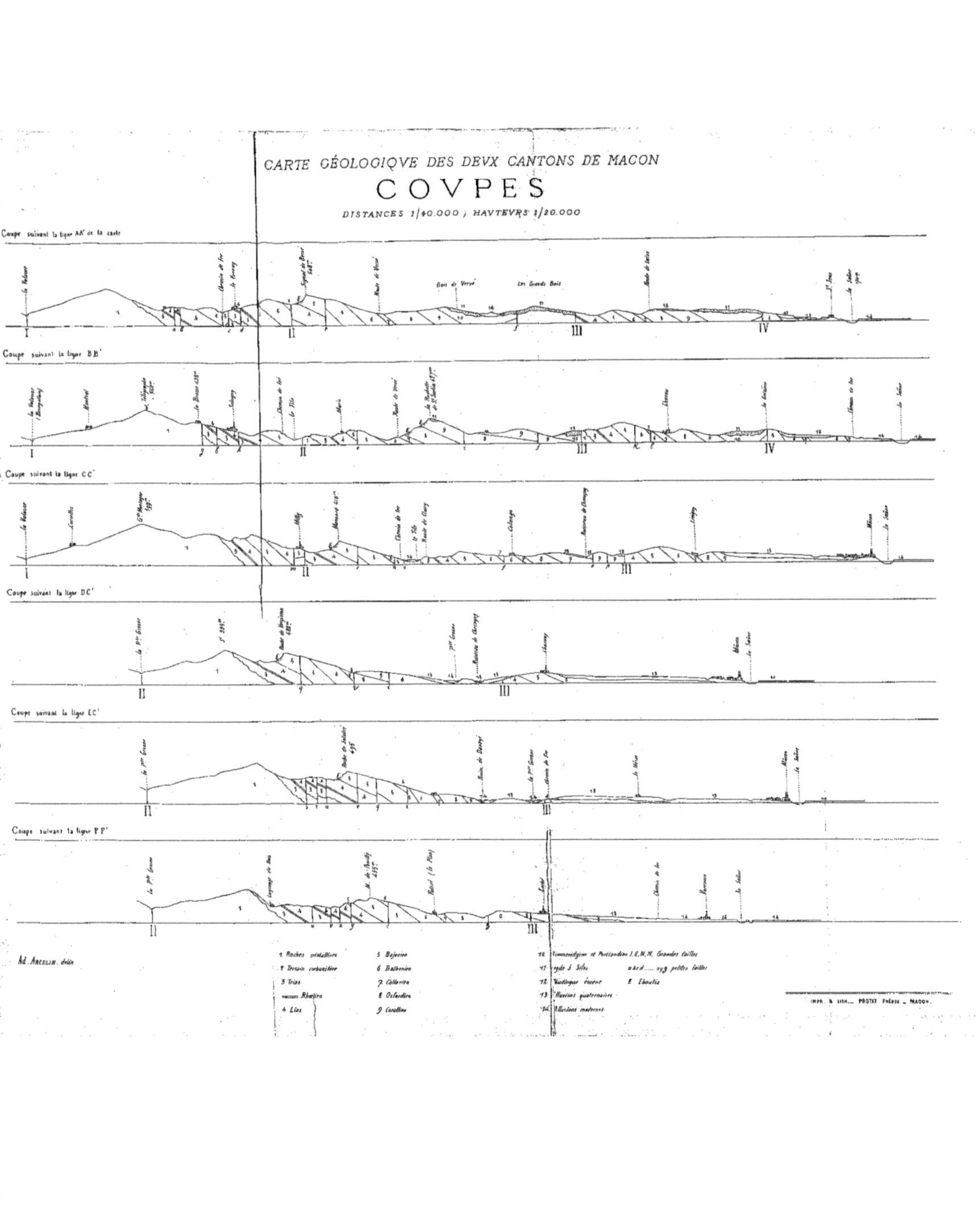

CARTE GÉOLOGIQVE DES DEVX CANTONS DE MACON
COVPES
DISTANCES 1/40.000 ; HAVTEVRS 1/20.000

Coupe suivant la ligne AA' de la carte
Coupe suivant la ligne BB'
Coupe suivant la ligne CC'
Coupe suivant la ligne DC'
Coupe suivant la ligne EC'
Coupe suivant la ligne FF'

Ad. Arcelin, delin.

1. Roches cristallines
2. Terrain carbonifère
3. Trias
Rhétien
4. Lias
5. Bajocien
6. Bathonien
7. Callovien
8. Oxfordien
9. Corallien
10. Kimmeridgien et Portlandien
11. argile à Silex
12. Sidérolitique éocène
13. Alluvions quaternaires
14. Alluvions modernes
E. Éboulis

IMPR. & LITH. PROTAT FRÈRES _ MACON.